高等职业教育"十三五"规划教材
高等职业教育园林园艺类专业教材

花卉生产技术与应用

张文玲　主编

中国轻工业出版社

图书在版编目（CIP）数据

花卉生产技术与应用/张文玲主编. —北京：中国轻工业出版
社，2019.5
高等职业教育"十三五"规划教材
ISBN 978-7-5184-2411-5

Ⅰ.①花…　Ⅱ.①张…　Ⅲ.①花卉—观赏园艺—高等职业教
育—教材　Ⅳ.①S68

中国版本图书馆 CIP 数据核字（2019）第 049477 号

责任编辑：张　靓　　责任终审：劳国强　　整体设计：锋尚设计
策划编辑：贾　磊　　责任校对：晋　洁　　责任监印：张　可

出版发行：中国轻工业出版社（北京东长安街 6 号，邮编：100740）
印　　刷：三河市国英印务有限公司
经　　销：各地新华书店
版　　次：2019 年 5 月第 1 版第 1 次印刷
开　　本：787×1092　1/16　印张：8.5
字　　数：200 千字
书　　号：ISBN 978-7-5184-2411-5　定价：28.00 元
邮购电话：010-65241695
发行电话：010-85119835　传真：85113293
网　　址：http://www.chlip.com.cn
Email：club@chlip.com.cn
如发现图书残缺请与我社邮购联系调换
190089J2X101ZBW

本书编写人员

主　编
张文玲　（重庆三峡职业学院）

副主编
陈吉裕　（重庆三峡职业学院）
王　东　（重庆三峡职业学院）

参　编
陈　凌　（万州区园林绿化管理处）
汪子恒　（重庆三峡职业学院）
苏　冰　（万州区兔子太太花艺馆）
刘　露　（重庆三峡职业学院）
许　彦　（重庆三峡职业学院）

花卉生产技术及应用是高等职业院校园艺、园林技术及相关专业的必修课程。通过本课程学习，学生能够掌握从事相关职业岗位所必需的花卉生产、养护管理、花艺设计、应用配置的基本理论知识和岗位技能。配合本课程实践教学，培养学生吃苦耐劳的品格，养成良好的专业素质，使学生可胜任花卉育种、育苗、栽培管理、收获贮藏、采后处理、花艺设计及花卉应用等工作，同时具备获得国家高级花卉园艺工职业资格证书的能力。

本书的编写以能力培养为主线，以"够用、实用"为原则，既有利于学生了解花卉生产的基础知识，又有利于学生掌握必需的实践操作技能。本书内容包括花卉生产的基础理论、花卉的繁殖、露地花卉生产技术、盆栽花卉生产技术、切花生产技术、花卉病虫害防治、花卉造景、花卉造型、插花与花艺设计3大教学情境、16个学习任务。

本书可供高等职业院校农学、农艺、园艺、园林等相关专业学生使用，也可作为农业生产、农业推广部门、花卉及都市花艺企业的参考书和培训教材。

限于作者知识和能力，书中难免不足之处，欢迎同行和读者批评指正。

编者

目录 / CONTENTS

绪 论

情境一 露地花卉生产与应用

情境二 盆栽花卉生产与应用

情境三 切花生产与应用

绪 论

花是植物的繁殖器官，卉是草的同义词。狭义的花卉是指有观赏价值的草本植物。如：凤仙花、仙客来、菊花等。随着花卉行业的发展和进步，花卉的范围不断扩大。广义的花卉指的是花花草草，也就是开花的草本植物。可以说把具有一定观赏价值，并被人们通过一定技艺进行栽培、养护及陈设的植物都称之为花卉，包括高等植物中的草本、亚灌木、灌木、乔木和藤本植物，以及较低等的蕨类植物等都可列入花卉的范畴之中。

花卉生产技术与应用是一门以现代生物科学理论为基础的综合性的技术科学，讲述花卉的分类、生物学特性、繁殖、栽培管理及园林应用等，达到美化、绿化环境和获得高的经济效益的目的。

花卉的主要栽培方式：

（1）生产栽培　以生产切花、盆花、提炼香精的香花、种苗及球根等为主的生产事业。生产栽培集约利用土地，经营管理精细，有较高的栽培技术水平，具备完善的设备（无土栽培、组织培养等）。

（2）观赏栽培　以观赏为目的，而非生产性的企业。如：公园、街道、广场、街头绿地、校园、医院及庭园中栽植的花卉。

（3）标本栽培　以普及国内外花卉的种类、生态、分类和利用等科学知识为目的。如：植物园的标本区、标本植物温室；公园的各种专类园——牡丹园、月季园。北京的植物园种类繁多，从温带花卉到热带花卉；海南的植物园主要是热带花卉和植物，这些均属于标本性栽培。

在学习花卉之前，首先要进行花卉的识别与分类，这是学习花卉、生产花卉、应用花卉的基础。

一、按生物学性状分类

花卉按照生物学性状分类可分为草本花卉、木本花卉、多浆多肉花卉。

1. 草本花卉

草本花卉是指花卉的茎内的木质部不发达，支持力较弱的植物。草本花卉中，按其生育期长短不同，又可分为一年生、二年生和多年生几种。

（1）一年生草花　指个体生长发育在一年内完成其生命周期的花卉。这类花卉在春天播种，当年夏秋季节开花、结果、种子成熟，入冬前植株枯死。如凤仙花、鸡冠花、孔雀草、半枝莲、紫茉莉等，也称为春播花卉。

（2）二年生草花　指个体生长发育需跨年度才能完成生命周期的花卉。这类花卉在秋季播种，第二年春季开花、结果、种子成熟，夏季植株死亡。如金鱼草、金盏菊、三色堇、虞美人、桂竹香等，也称为秋播花卉。

（3）宿根花卉　植株入冬后，地上植物茎、叶干枯，根系在土壤中宿存越冬，第二年春天由根萌芽而生长、发育、开花的花卉。如菊花、芍药、玉簪、蜀葵、楼斗菜、落新妇等。

（4）球根花卉　这一类花卉地下根或地下茎已变态为膨大的根或茎，用来贮藏水分和营养，使其度过休眠期。

球根花卉按形态的不同分为5类：鳞茎花卉，地下茎膨大呈扁平球状，由许多肥厚鳞片相互抱合而成的花卉，如水仙、风信子、郁金香、百合等；球茎花卉，地下茎膨大呈球形，茎内部实质，表面有环状节痕附有侧芽，顶端有肥大的顶芽的花卉，如唐菖蒲、荸荠等；块茎花卉，地下茎膨大呈块状，它的外形不规则，表面无环状节痕，块茎顶部分布大小不同发芽点的花卉，如大岩桐、马蹄莲、彩叶芋等；根茎花卉，地下茎膨大呈粗长的根状，外形具有分枝，有明显的节间，节间处有腋芽，由节间腋芽萌发而生长的花卉，如美人蕉、荷花等；块根花卉，地下根膨大呈纺锤体形状，芽着生在根颈处，由此处萌芽而生长的花卉，如大丽花、花毛茛等。

（5）多年生常绿花卉　植株枝叶一年四季常绿，无落叶休眠现象，地下根系发达的花卉。这一类花卉在南方作露地多年生栽培，也称温室花卉。观花花卉有：蝴蝶兰、大花蕙兰、春兰、建兰、报岁兰、红掌、凤梨、丽格海棠、大花君子兰、仙客来、鹤望兰、金苞花、天竺葵、百子兰、文殊兰等。观叶植物有：紫背竹芋、天鹅绒竹芋、波浪竹芋、孔雀竹芋、冷水花、吊兰、一叶兰、万年青、文竹、蒲葵、散尾葵、棕竹、巴西木、马拉巴栗、龙血树、富贵竹等。

（6）水生花卉　常年生长在水中或沼泽地中的多年生草本花卉。按其生态分为4种：挺水植物，根生于泥水中，茎、叶挺出水面而生长开花，如荷花、千屈菜等；浮水植物，根生于泥水中，茎、叶不挺立，叶片浮在水面而生长开花，如睡莲、王莲等；沉水植物，根生于泥水中，茎、叶沉入水中生长，在水浅时偶有露出水面，如莼菜、里藻等；漂浮植物，根伸展于水中，叶浮于水面，随水漂浮流动而生长，如浮萍、凤眼莲等。

（7）蕨类植物　叶丛生状，叶片形状各异，不开花也不结种子，叶片背面着生孢子，而依靠孢子繁殖的花卉。如肾蕨、铁线蕨、鸟巢蕨、鹿角蕨等。

2. 木本花卉

木本花卉指植物茎木质化，木质部发达，枝干坚硬，难折断的花卉。根据形态分为3类：

（1）小乔木花卉　植物茎干直立坚硬挺拔，由独立主干萌发侧枝，形成一定形状的树冠；根系分有主根系和须根系的花卉。分为落叶小乔木花卉和常绿小乔木花卉。落叶小乔木有：梅花、红叶碧桃、夹竹桃、栀子花、六月雪、结香、瑞香、扶桑、冬珊瑚等。常绿小乔木有：杜鹃花、山茶花、桂花、橡皮树、九里香、柠檬、金橘、代代、苏铁、南洋杉、罗汉松、榕树、变叶木、八角金盘等。

（2）小灌木花卉　植物茎干直立坚硬挺拔，由根际萌发丛生状枝条的花卉。分为落叶小灌木花卉和常绿小灌木花卉。落叶小灌木花卉有：牡丹、月季、腊梅、迎春、枸杞、贴梗海棠等。常绿小灌木花卉有：南天竹、十大功劳、茉莉花、红叶小檗等。

（3）木质藤本花卉　植物枝条一般生长细弱，不能直立，通常为蔓生，称作藤本花卉。如迎春花、紫藤、凌霄、叶子花、蔷薇等。在栽培管理过程中，通常设置一定形式的支架，让藤条附着生长。

3. 多浆多肉花卉

多浆多肉花卉指植株茎变态为肥厚能贮存水分、营养的掌状、球状及棱柱状；叶变态为针刺状或厚叶状并附有蜡质且能减少水分蒸发的多年生花卉。常见的有仙人掌科的仙人球、昙花、令箭荷花；大戟科的虎刺梅；番杏科的松叶菊；萝摩科的佛手掌；景天科的燕子掌、毛叶景天；龙舌兰科的虎皮兰、酒瓶兰等。

二、按具有观赏价值的器官分类

按花卉的花、叶、果、茎、芽等具有观赏价值的器官进行分类，可分为：

（1）观花花卉　植株开花繁多，花色鲜艳，花型奇特而美丽，以观花为主的花卉。如茶花、月季、菊花、非洲菊、郁金香等。

（2）观叶花卉　植株叶形奇特，形状不一，挺拔直立，叶色翠绿，以观叶为主的花卉。如龟背叶、花叶万年青、苏铁、变叶木、蕨类植物等。

（3）观茎花卉　植株的茎奇特，变态为肥厚的掌状或节间极度短缩呈连珠状，以观茎为主的花卉。如仙人掌、佛肚竹、文竹、富贵竹等。

（4）观果花卉　植株的果实形状奇特，果色鲜艳，挂果期长，以观果为主的花卉。如冬珊瑚、观赏辣椒、佛手、金橘、乳茄等。

（5）观根花卉　植株主根呈肥厚的薯状，须根呈小溪流水状，气生根为呈悬崖瀑布状，以观根为主的花卉。如根榕盆景、薯榕盆景、龟背竹、春芋等。

（6）其他观赏类花卉　如观赏银芽柳毛茸茸、银白色的芽；观赏象牙红、马蹄莲、叶子花鲜红色的苞片；观赏球头鸡冠膨大的花托；观赏紫茉莉、铁线莲瓣化的萼片，观赏美人蕉、红千层瓣化的雄蕊。

三、按开花的季节分类

按照花卉开花的季节进行分类，可分为：

（1）春花类　以2—4月期间盛开的花卉。如郁金香、虞美人、金盏菊、山茶花、杜鹃花、牡丹花、梅花、报春花等。

（2）夏花类　以5—7月期间盛开的花卉。如凤仙花、荷花、石榴花、月季花、紫茉莉、茉莉花等。

（3）秋花类　以8—10月期间盛开的花卉。如大丽花、菊花、万寿菊、桂花等。

（4）冬花类　以11—次年1月期间盛开的花卉。如水仙花、腊梅花、一品红、仙客来、墨兰、蟹爪莲等。

情境一
露地花卉生产与应用

【情境描述】

近年来，露地花卉（图1-1）在园林造景中的应用越来越广泛，其色彩丰富，繁殖系数高，造景容易且成景后对人的视觉冲击力、感染力也非常大，这些特点是其他绿化植物所不能比的，因此，露地花卉已成为园林中重要的植物材料，常布置成花丛、花带、花坛、花境等多种形式。本情境学习露地花卉生产的特点、露地花卉的生产方式及露地花卉的栽培管理技术，通过本情境的学习，要掌握这些花卉的形态特征、生产栽培管理技术以及在园林上的应用等。

图1-1 露地花卉

【知识目标】

1. 掌握常见露地花卉的形态特征。
2. 掌握露地花卉的生产特点。
3. 掌握露地花卉的生产方式。
4. 掌握常见露地花卉生产的栽培技术。

5. 掌握露地花卉的园林应用。

【技能目标】

1. 对常见露地花卉能够准确识别。

2. 对常见露地花卉能够进行生产管理。

3. 对常见露地花卉能够进行园林应用。

任务一 | 草花穴盘育苗

【任务情境】

穴盘育苗（图1-2）的特点是每一株幼苗都拥有独立的空间，水分、养分互不竞争，幼苗的根系完整，移植后的成活率接近100%，移植后的生长发育快速整齐，商品率高。穴盘育苗与常规育苗相比，有以下优点：

（1）省工、省力、效率高；

（2）节省能源、种子和育苗场地；

（3）成本低；

（4）便于规范化操作；

（5）适宜远距离运输。

图1-2 穴盘育苗

【任务分析】

春季是草花育苗比较集中的时段，随着园林绿化要求的提高，草花生产者不仅在种子的采购上趋向于高品质，而且在育苗技术上也大大提高。目前穴盘育苗已经被草花生产者普遍采用。完成该任务需要熟悉并掌握种子选购、穴盘准备、基质准备及填装、播种、发芽、幼苗管理等技术要点。

一、草花穴盘育苗的四个阶段

美国的戴维·柯瑞恩（David koranski）将穴盘育苗的生育期分为四个阶段。之所以将育苗划分为四个阶段是因为这四个阶段的生长状态与所需要的温度、湿度（相对湿度）、光照、肥料等环境和管理条件各有区别。这四个阶段的管理好不好，不仅对幼苗期的发育，而且对花卉的形状、开花数量、生产周期都有很大影响。如瓜叶菊，如果温度在第二阶段超过28℃，则很容易造成胚轴过于伸长，极易倒伏。而四季海棠如果第二、三阶段不能及时施肥，以后施肥也会造成生长迟缓一个多月。

第一阶段从播种到种子初生根（胚根）突出种皮为止，即所谓的发芽期。发芽期最主要的特征是需要较高的温度和湿度。较高的温度是相对于以后三个阶段来说的。种子发芽所需要的温度一般在21~28℃，大部分在24~25℃为最适温度，持续恒定的温度可以促进种子对水分的吸收，解除休眠，激活生命活力。较高的湿度可以满足种子对水分的需要，首先，软化种皮，增加透性，为种胚的发育提供必需的氧气；其次，作为种子生化反应的溶剂，促进其生物化学反应的完成，由一种新的生命形式替代潜在的生命状态。

种子发芽以后，紧接着是下胚轴伸长，顶芽突破基质，上胚轴伸长，子叶展开，根系、茎干及子叶开始进入发育状态，这是第二阶段。第二阶段的管理重点是下胚轴的矮化及促壮。如果下胚轴伸长过快，就会引起幼苗徒长。要想促壮及矮化幼苗的下胚轴，必须严格控制栽培环境的各个主导因子，如温度、湿度、光照等。幼苗子叶展开的下胚轴长度以0.5cm较为理想，1.0cm以上则有徒长的现象。下胚轴若太长，当真叶开始伸展时，随着真叶的叶面积增大及叶片数目的增多，其机械支撑力量不足，容易发生倒伏现象。当下胚轴太长而形成倒伏之后是无法恢复的，所以下胚轴的矮化及促壮是提高成苗率的关键。

第三阶段主要是真叶的生长和发育。这一阶段的管理重点是水分和肥料。水分的管理重点在于维持生长发育期间的水分平衡，避免基质忽干忽湿，做到在适当的时候给予适量的水分。在人工浇水的条件下，要先观测基质的干湿程度和蒸发情况，确定浇水的时间和浇水量。在自动喷灌条件下，一天浇水三次，每次给水量约达到基质持水量的60%为宜。浇水时间分别为8点、11点及14~15点之间。16点之后若幼苗无萎蔫现象，则不必浇水。降低夜间湿度，减缓茎节的伸长，矮化幼苗是管理追求的目标。进入第三阶段的幼苗要开始施肥。最始肥料的浓度为2500~3000倍（或100~150μL/L），当最初的两片真叶完全展开之后，肥料浓度增加到2000倍。肥料选择氮含量较低的配方（N：P：K=15：10：30），以减少叶面积的快速生长，降低其蒸腾作用。营养过量除了容易造成徒长弱苗之外，基质的电导率增加，根系的正常发育也会受到影响。

当幼苗生长到3~4片真叶时，也就到了第四阶段。此阶段的幼苗准备进行移植或出售。移植前要适当控水施肥，以不发生萎蔫和不影响其正常发育即可。

二、穴盘和育苗基质的认识

穴盘和基质是穴盘育苗必备的物质条件。基质的种类很多，为适应不同的花卉育苗的需要，基质的配比也有所区别。一般原则是种子越小，需要的基质越细。基质的主要组成有草炭土（CSP）、椰糠、珍珠岩、蛭石等。基质的基本要求是无菌、无虫卵、无杂物及杂草种子，有良好的保水性和透气性，pH 5.5~6.5，EC 值低于 0.75mmhos/cm。生产中常将草炭和珍珠岩（或蛭石）以（3~3.5）：1 的比例混合。育苗基质原则上是新基质，不使用旧的材料，即使如此，在播种前最好也用 600~1000 倍液的多菌灵或百菌清消一次毒。

穴盘的穴格及形状与幼苗根系的生长发育息息相关，穴格体积大，基质容量大，其水分、养分蓄积量大，对供给幼苗水分的调节能力也强；另外，还可以提高通透性，对根系的发育也较为有利。但穴格越大，穴盘单位面积内的穴格数目越少，影响单位面积的产量，价格或成本会增加。穴盘的规格有 288 目、200 目、128 目或 50 目，主要视育苗时间的长短、根系深浅和商品苗（移植苗）的规格来确定。对使用过的穴盘，再次使用前必须消毒，常用方法是 600 倍液多菌灵，800~1000 倍液杀灭尔等杀菌剂洗刷或喷洒，之后用清水冲洗 2~3 次。

将混合好的基质填装穴盘，可机械操作，也可人工填装。注意尽量使每个穴孔填装均匀，并轻轻镇压，使基质中间略低于四周。基质不可填装过满，应略低于穴盘孔的高度，使每个穴孔的轮廓清晰可见。播种前一天应淋湿基质，达到刚好浇透的程度，即穴孔底部有水渗出的程度。淋湿的方法采用自动间歇喷水或手工多遍喷水的方式，让水分缓慢渗透基质。

穴盘育苗一般是每个穴孔放一粒种子，无论是机械播种还是人工播种都要力求种子落在穴孔正中。播种后较大粒种子要覆一层基质（蛭石等），小粒种子可不覆土。

技能训练

草花穴盘育苗技术

一、实训目的

通过进行花卉的穴盘育苗操作，掌握穴盘育苗技术的工艺流程，了解穴盘育苗所必需的设施。

二、主要仪器及试材

育苗穴盘、育苗基质、肥料、标签、育苗苗床、方形水盆或水池、花卉种子。

三、实训内容与技术操作规程

（1）种子处理　选择籽粒饱满，活力高的种子，在水中浸泡一段时间，或者用磷酸三钠、赤霉素溶液浸泡，漂去瘪粒，再用清水冲洗干净，滤去水分，风干待用。播种前要对种子进行消毒处理。

（2）育苗基质的混配　将草炭和珍珠岩（或蛭石）以（3~3.5）：1的比例混合，或将泥炭、蛭石和珍珠岩按照1∶1∶1的比例进行配制，消毒后按照每立方米基质添加3kg复合肥，将育苗基质和肥料混合后装盘。装盘的方法在知识链接中已有介绍。

（3）穴盘的选择　目前市场上有72穴、128穴、288穴、392穴等规格，应根据种子的大小来确定所用穴盘的大小。一串红、万寿菊、百日草选用72穴，鸡冠花、翠菊可选用128穴。对于使用过的穴盘再次使用时，必须进行清洗、消毒。

（4）播种　穴盘育苗一般是每个穴孔放一粒种子，无论是机械播种还是人工播种都要力求种子落在穴孔正中。播种后较大粒种子要覆一层基质（蛭石等），小粒种子可不覆土。

（5）浇水　播种覆盖后贴好标签，进行浸水处理，将育苗盘放在苗床上，有条件可以机械喷水。

（6）育苗管理　穴盘育苗的生育期分为四个阶段。这四个阶段的生长状态与所需要的温度、湿度（相对湿度）、光照、肥料等环境和管理条件各有区别。

育苗后组织学生定期进行浇水，注意育苗温室内的温度和湿度控制。

四、注意事项

每位学生应独立进行穴盘育苗操作，并挂上标签牌。

五、实训结果处理

育苗期间加强管理，育苗后3周进行现场考核，统计出苗率和成活率等指标，撰写实训报告书。

高级技术

穴盘育苗的环境控制

穴盘育苗需要在一定的环境条件下完成，如温度、湿度（浇水）、光照、肥料等。如是严格地按照戴维的方法，最好在专门的育苗室（发芽室）内进行，借助各种控制条件和检测仪器使其在标准状态下发芽、发育。对于大型、专业化的生产企业来说，确实需要这样的育苗室（发芽室）。对于一般的生产企业来说，也需要有可调温的温室，这样可以满足各种目标花期的需要。

1. 温度

温度是决定育苗的首要环境条件。当温室内温度低于发芽温度时，需要进行加热，加热方式有空气加热和基质加热。空气加热如燃油暖风机加热、水暖管道加热等；基质加热如地热线加热等。如温室内温度太高，可选湿帘风机降温系统进行降温。如果温差在2~3℃范围内，可使用温室的其他系统如遮阴、通风、喷雾等系统和装置帮助降温，这样可以节约生产成本。需要特别注意的是，从第一阶段到第四阶段，对温度的要求是逐渐降低的，如果背离了季节的变化、光靠强制性的温度调节的话，容易造成成本上升，因此一定要根据季节的变化合理安排生产。

2. 湿度

合理的湿度和适当的喷淋措施是培育健壮花苗的关键，从相对湿度接近100%的第一阶段，到基质见干见湿、只要不出现萎蔫现象就尽量少浇水的第四阶段，可以看出湿度和水分的管理是一个复杂的过程。正确地把握幼苗生产的四个阶段并逐步减少基质的含水量是一项重要的管理内容，及时调整自动喷淋（雾）的次数和时间就能控制湿度和水分。蒸发量小，空气湿度大时少喷水，相反，就要多喷水，下午喷最后一遍水时要保证夜间叶面无水珠。

3. 光照

不同的花卉对光照要求不一样。金盏菊要求在光照条件下发芽，仙客来要求在黑暗中发芽，大多数花卉种子发芽的要求在这二者之间，即在一般自然条件下就可以发芽。但第二阶段以后必须见光，结合温度的情况，可以适当遮阴，遮阴程度从40%~60%不等，要根据不同种子的生态特性来决定，大岩桐和四季海棠要求的遮阳强一些，一串红、鸡冠花可完全不遮阴，瓜叶菊遮去30%左右的阳光就可以。随着各阶段的递进，需要的光照逐步增强，这是一条基本的规律。

4. 肥料

在种子育苗的基质中，基本没有肥料或只有很少的肥料，这就使育苗后的施肥显得尤为重要。一般种子从第三阶段就一定要施肥，但有些种子从第二阶段就必须施肥，否则就会大大延长育苗的时间，像四季海棠和瓜叶菊就属于这一类型。这其中的规律可以认同为第二阶段较长的种子需要施肥。其施肥的量是从低浓度向高浓度逐渐增加的。以氮肥浓度为标准可从100μL/L开始，每周增加50~100μL/L，视花苗的长势和叶色来判断幼苗对肥料的需要量。使用穴盘育苗最好使用液体肥料，这样比较容易控制其浓度，如条件不允许也可以使用缓效控施肥，切忌使用带有挥发性的氮肥，以免对幼苗造成伤害。

拓展训练

鸡冠花穴盘育苗技术

1. 鸡冠花主要品种

鸡冠花，一年生草本花卉。喜干热温暖气候，喜强光，能耐高温，不耐低温，15℃以下叶片泛黄，5℃以下便会受冻害。

现今，用于大规模商品生产的鸡冠花在生产上多用种子繁殖。鸡冠花分为两大类，一类为冠状或头状，主要品种有"东方2号""阿迷哥""红顶""宝盒"等；另一类为羽状，较著名的品种有"和服""世纪""娃娃""城堡"等。其中"阿迷哥""宝盒""和服""世纪""娃娃"和"城堡"等品种除红色外，还有黄色、玫红、粉红、橙色、白色及复色等颜色。虽然各品种有高矮不同特性，但植株一般都在20~45cm。

2. 播种时间

鸡冠花种子1200~1600粒/g。在长江中下游地区的保护地，春季和夏季可播种。供花期从4月下旬开始到11月中旬，在夏季和国庆等节日期间的用量较大，所以其播种时间以 3~7 月为大量。

3. 基质及穴盘

播种宜采用较疏松的人工基质，基质 pH 为 5.8~6.5，EC 值 0.5~0.75mmhos/cm，须经消毒处理，播种后保持基质温度 22~24℃，4~7 天出苗。穴盘采用 72 穴盘或 128 穴盘。

4. 苗期管理

第一阶段：播种后 2~4 天胚根展出。初期保持育苗基质的湿润非常重要，所以，播种后需覆盖一层薄薄的蛭石，厚度以刚覆盖种子为好，温度保持在 22~24℃。光照有利于鸡冠花种子的发芽，因此，在发芽时最好有 1000~10000lx 左右的光照度。

第二阶段：从胚根长出到子叶展开，仍需保持基质的湿润，但也不要过湿。此阶段后期，主根可长至 2~3cm，长出第一片真叶。子叶展开后可开始施肥，施肥浓度以 50~75μL/L 的 20-10-20 水溶性肥料为主。

第三阶段：鸡冠花种苗已进入快速生长期。适当控制水分，等基质基本干后再浇透水，形成干和湿的循环，有利于根系的生长。每隔 5~7 天交替施用 75~100μL/L 的 20-10-20 和 14-0-14 水溶性肥料。此阶段后期，植株根系可以长至 4~5cm，苗高也有 3~4cm，真叶 2~3 对。

第四阶段：本阶段根系已完好地形成，有 3 对真叶，温度和湿度要求同第三阶段。适当控制水分，施用 75~150μL/L 的 14-0-14 肥料，加强通风，防止徒长。需要注意的是鸡冠花种苗在这一阶段很容易因管理不当而导致花芽分化，产生小老苗。预防的方法：基质不能过干或过湿，每隔 4~5 天施肥一次，及时移植上盆。

5. 上盆

及时上盆对鸡冠花来说是非常重要的。上盆不及时会导致花芽分化提前，从而使植株产生老苗现象，品质下降，严重时整批花报废。应在 3 对真叶完全展开时移植上盆。在长江流域一带，大部分都用 12~13cm 口径的营养钵，一次上盆到位，不再进行一次换盆。

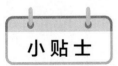

常用草花种子消毒有：（1）温水浸种法，50~55℃左右的热水浸种 15min，清水冷却；（2）用 4% 氯化钠 10~30 倍液浸种 30min，清水洗净后播种；（3）50% 多菌灵 500 倍液浸种子 1~2h 后捞出，清水洗净催芽播种；（4）用 100~300 倍的福尔马林浸种 15~30h，捞出，清水洗净催芽播种；（5）用 1000 万单位农用链霉素 300~500 倍液浸种子 2~3h，捞出洗净催芽播种。

1. 不同花卉进行穴盘育苗时如何选取适宜的穴盘？
2. 穴盘育苗的质量主要受哪些因素影响？
3. 花卉穴盘育苗的四个阶段各有什么特点？
4. 怎样改进穴盘育苗有利于花卉根系生长？

任务二 | 花卉嫁接育苗

【任务情境】

嫁接法是将植物的枝条、芽部等移接在其他植物体上，使其能够成活并发育为一个新的植株的繁殖方式（图1-3）。被嫁接的材料通常称为接穗或接芽，作为接穗的承接体被称为砧木，嫁接成活后的材料称为嫁接苗。用嫁接法繁殖花卉的优点是，可以提高接穗的适应能力，促进开花结果，能够保持优良种性。缺点是操作较难，繁殖系数较低，技术要求较高。

图1-3 花卉嫁接育苗

【任务分析】

嫁接的方法很多，通常可以分为芽接、枝接、靠接、腹接、根接等。完成该任务需要熟悉和掌握幼苗管理、嫁接方法、嫁接后管理。

知识链接

一、嫁接成活的原理

嫁接成活的原理是具有亲和力的两株植物间在结合处的形成层，产生愈合现象，使导管、筛管互通，形成一个新个体。

二、影响嫁接成活的因素

1. 植物内在因素

（1）亲和力 一般情况下砧、穗亲缘关系愈近，亲和力愈强。

（2）形成层细胞的再生能力 阶段发育年龄愈年轻，再生能力愈强。

2. 外界环境因素

（1）温度 在一定的温度范围内（4~30℃），温度高比温度低愈合快。

（2）湿度 空气相对湿度接近饱和，对愈合最为适宜。

（3）空气 砧本与接穗之间接口处的薄壁细胞增殖、愈合，需要有充足的氧气。

3. 嫁接技术水平

嫁接操作应牢记"齐、平、快、紧、净"五字要领。

（1）齐 齐是指砧木与接穗的形成层必须对齐。

（2）平 平是指砧木与接穗的切面要平整光滑，最好一刀削成。

（3）紧 紧是指砧木与接穗的切面必须紧密地结合在一起。

（4）快　快是指操作的动作要迅速，尽量减少砧、穗切面失水，对含单宁较多的植物，可减少单宁被空气氧化的机会。

（5）净　净是指砧、穗切面保持清洁，不要被泥土污染。

嫁接刀具必须锋利，保证切削砧、穗时不撕皮和不破损木质部，又可提高工效。

三、嫁接方法

1. 芽接法

芽接通常可分为 T 形芽接、贴芽接、嵌芽接、套芽接等方法，其中以 T 形芽接应用得较为广泛。此法适用的砧木是 1~2 年生的实生苗，通常在 5—9 月进行。接穗可在植株苗壮的枝条上选取，注意芽要饱满。在取芽时，先将芽上的叶柄剪去，然后用嫁接刀在芽的上方横切一刀，再用嫁接刀由芽的下方自韧皮部与木质部间向上平削，即可获得一盾形接芽。如接芽带有木质部，则应该将其去掉，取下的接芽要立刻嫁接或浸于水中，然后在砧木距地面 3~4cm 处的阴面横切一刀，再从切口中部向下直切一刀，使之成为 T 形切口，再用嫁接刀挑开切口的树皮，将接芽插入。在操作时要保持接芽极性，不可使之颠倒，并将接芽上端与砧木上端的树皮边缘对齐，用塑料绳缠紧，注意要将芽和叶柄露在塑料绳的外边。在嫁接后 10 天左右，如果接芽呈绿色且叶柄被触动后随即脱落，说明嫁接成活。4~5 周后，即可将塑料绳除去。以后应该将砧木上的萌蘖随时剪去，保证养分集中供应接芽。适合芽接法繁殖的花卉有碧桃、香橼、月季等。

2. 枝接法

枝接通常可分为切接、劈接、腹接、靠接等类型，其中切接应用得较为普遍。其适用于茎干直径为 1~2cm 的砧木，通常在 3—4 月进行。在操作时先将砧木距地表 5cm 处截断，注意剪口要平，再用嫁接刀从砧木断面一侧的木质部与韧皮部结合处垂直切下，下刀深度要与插穗的削面大致相等。插穗要修剪成 5~6cm 长，带 2~3 个芽的小段，用嫁接刀将插穗下端削成斜面，斜面的长度为 2.5~3cm，在斜面的背面再削出长约 1cm 的小斜面，切口要平。随后将修剪好的接穗插入砧木的切口中，将接穗大切面的形成层与砧木的形成层对齐，用塑料绳缠紧，涂上嫁接蜡，以减少切口水分蒸发，待嫁接成活后再将塑料绳除去。适合枝法繁殖的花卉有代代、佛手等。

技能训练

花卉嫁接育苗

一、实训目的

通过进行花卉的嫁接育苗操作，掌握嫁接育苗技术的工艺流程，了解嫁接育苗所必需的工具。

二、主要仪器及试材

接穗、砧木、嫁接刀、修枝剪、手锯、手锤、绑扎带等。

三、实训内容与技术操作规程

1. 砧木的选择

(1) 砧木与接穗的亲和力要强。

(2) 砧木要能适应当地的气候条件与土壤条件，本身要生长健壮、根系发达、具有较强的抗逆性。

(3) 砧木繁殖方法要简便，易于成活，生长良好。砧木的规格要能够满足园林绿化对嫁接苗高度、粗度的要求。

2. 砧木的培育

砧木可通过播种、扦插等方法培育。生产中多以播种苗作砧木。

3. 接穗的准备

(1) 接穗的采集　选择品质优良纯正、观赏价值或经济价值高，生长健壮，无病虫害的壮年期的优良植株为采穗母本。

(2) 接穗的贮藏　接穗要越过休眠期一般都是低温沙藏，春季嫁接用的接穗，一般在休眠期结合冬季修剪将接穗采回，每100根捆成一捆，附上标签，标明树种或品种、采条日期、数量等，在适宜的低温下贮藏。

4. 绑扎和涂抹材料

(1) 绑扎材料常用蒲草、马蔺草、麻皮、塑料薄膜等。以塑料薄膜应用最为广泛，其保温、保湿性能好且能松紧适度；用其他生物材料（如麻皮、蒲草、马蔺草等）绑扎，很易分解，不用解绑，尤其是用根作砧木时具有较大优势。

(2) 涂抹材料通常为接蜡或泥浆，用来涂抹嫁接口，以减少嫁接部位丧失水分，防止病菌侵入，促使愈合，提高嫁接成活率。也可采用市售保湿剂直接涂抹。

(3) 固体接蜡原料为松香4份、黄蜡2份、动物油（或植物油）1份，按比例配制而成。

(4) 液体接蜡原料是松香（或松脂）8份、凡士林（或油脂）1份。

5. 确定嫁接方法

根据砧木、接穗的特性，及自己熟练程度选择适宜的嫁接方法。

6. 嫁接后的管理

(1) 挂牌　挂牌的目的是防止嫁接苗品种混杂，生产出品种纯正、规格高的优质壮苗。

(2) 检查成活率　对于生长季的芽接，接后7~15天即可检查成活率。

(3) 解除绑缚物　生长季节接后需立即萌发的芽接和嫩枝接，结合检查成活率要及时解除绑扎物，以免接穗发育受到抑制。

(4) 剪砧　剪砧是指在嫁接育苗时，剪除接穗上方砧木部分的一项措施。

(5) 抹芽和除蘖　剪砧后，由于砧木和接穗的差异，使砧木上萌发许多蘖芽，与接穗同时生长或者提前萌生。会与接穗争取并消耗大量的养分，不利于接穗成活和生长。为了集中养分供给接穗生长，要及时抹除砧木上的萌芽和萌条。

(6) 补接　嫁接失败后，应抓紧时间进行补接。

（7）立支柱　接穗在生长初期很细嫩，在春季风大的地方，为防止接口或接穗新梢风折和弯曲，应在新梢生长至30~40cm时立支柱。

（8）常规田间管理　当嫁接成活后，根据苗木生长状况及生长规律，应加强肥水管理，适时灌水、施肥、除草松土、防治病虫害。促进苗木生长。

常用嫁接方式

1. 劈接

劈接是最常用的枝接方法（图1-4）。适用于较粗的砧木，嫁接时，在靠近地面7~8cm处将砧木剪去，如欲矮接也可以将地面土挖至根茎处，也可在砧木1~2cm高处剪砧，然后用利刀劈开。为防止劈得过大，劈前在切面下6cm处，用绳缠住。接穗用7~10cm长的枝条，下部削成楔形，楔形斜面长2~3cm。削好后用刀轻轻撬开劈好的砧木切口，插入接穗，使接穗的形成层与砧木的形成层相互对准（只对一边即可），也可在切口两侧各插一接穗，绑紧塑料带，然后封土。

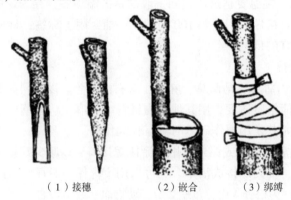

（1）接穗　　　　（2）嵌合　　　　（3）绑缚

图1-4　劈接法

2. 切接

切接是枝接中最常见的方法之一（图1-5）。适合于根茎较细，仅1~2cm粗的砧木。

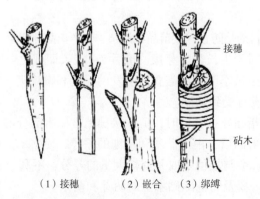

（1）接穗　　　（2）嵌合　　　（3）绑缚

图1-5　切接法

时间多在3—4月份进行。于近地面5~6cm处将砧木上部剪去，选择较平滑的一面，在木质部与韧皮部之间用刀垂直切下，长3cm。接穗下端一侧削成2~3cm的斜平面，在另一侧下端0.5~1cm处也斜削一刀，然后将长削面向着砧木插入接口中，必须使形成层相互对准，如砧木过粗，则使一侧形成层对准。用塑料条绑紧，接穗留2~3个芽剪断，用土封上。

3. 靠接

在切接、劈接成活比较难的情况下，可用靠接法育苗（图1-6），如白玉兰、桂花、山茶花等。靠接时接穗和砧木均不剪头，将砧木和接穗两者靠近。然后选树枝粗细相差不多的两个枝条，将砧木和接穗分别斜削3~5cm长的平面，露出形成层和木质部，两者对准，用塑料条绑紧，外侧用纸裹或涂泥。

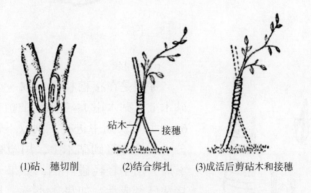

(1)砧、穗切削　　　(2)结合绑扎　　　(3)成活后剪砧木和接穗

图1-6　靠接法

4. 插皮接

插皮接是枝接中最易掌握、成活率最高、应用也较广泛的一种嫁接方法（图1-7）。要求在砧木较粗，且皮层易剥离的情况下采用。

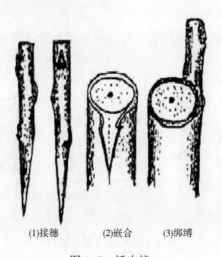

(1)接穗　　　(2)嵌合　　　(3)绑缚

图1-7　插皮接

5. 平接

最常用平接的是仙人球类（图1-8），嫁接时将砧木与接穗均削成光滑平面，使心髓

相对，肉质贴紧，用线绑好，就会连接愈合在一起而生长。具体操作见仙人球类花卉的介绍。

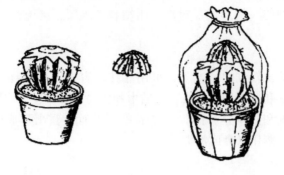

图 1-8 平接

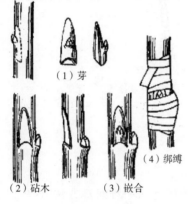

（1）芽

（2）砧木 （3）嵌合

（4）绑缚

图 1-9 嵌芽接

6. 芽接

芽接是在接穗枝上剥取一个未萌芽，嫁接在砧木上。砧木用 1~2 年生的植株，嫁接一般是在 6—9 月生长期中进行。削取不带木质或稍许带部分木质的芽接到砧木上，用塑料带绑紧。10 天左右后，用手轻轻碰叶柄，如果一触即落，证明嫁接芽已经成活。如果碰不落，且芽已干枯，应抓紧时间补接。芽接有倒工字形芽接、十字形芽接、T 字形芽接等。

（1）嵌芽接 带木质部嵌芽接也叫嵌芽接（图 1-9）。此种方法不仅不受树木离皮与否的季节限制，而且用这种方法嫁接，接合牢固，利于嫁接苗生长，已在生产上广泛应用。

（2）T 字形芽接 这是目前应用最广的一种嫁接方法（图 1-10），需要在夏季进行。

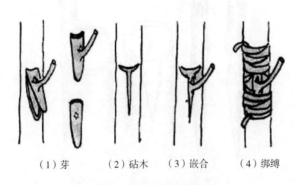

（1）芽 （2）砧木 （3）嵌合 （4）绑缚

图 1-10 T 字形芽接

（3）方块（门字）芽接 取接芽块大，与砧木形成层接触面积大，成活率较高。多用于柿树、核桃等较难嫁接成活的植物（图 1-11）。

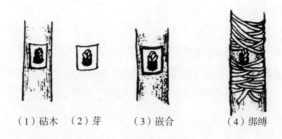

（1）砧木　（2）芽　　（3）嵌合　　　（4）绑缚

图 1-11　方块（门字）芽接

玫瑰嫁接育苗方法

1. 选择砧木及接芽

玫瑰的砧木以近代月季和红十姊妹两个品种为好，嫁接后易成活，生长快，产花量高。砧木的标准：两年生，发育健壮，无病虫害，直径在 0.5cm 以上。接芽应选用当年萌发的玫瑰枝条上部的饱满腋芽。

2. 嫁接时间

嫁接玫瑰可在 3 月中旬、7 月上中旬或 9 月中下旬进行，以夏季嫁接最好，此时气温高，分生细胞活动强烈，愈合快，成活率高。

3. 嫁接方法

玫瑰嫁接以芽接方式为好。嫁接时，在砧木基部离地面约 5cm 处，剥去针刺，然后根据接芽长短和砧木粗细，分别在砧木上开"匚"字形接口（砧木较细）或"工"字形接口（砧木较粗），把砧木接口处的树皮轻轻撬起，将削好的接芽插入其中，然后用 1cm 宽的塑料条绑扎好，再在接口上方 10cm 处把砧木遮上。

4. 接后管理

一般在夏季嫁接后一周即能愈合，10~15 天可拆除绑扎物。春季和秋季，气温较低，愈合速度慢，拆除绑扎物的时间应适当延长。拆绑后要及时抹除砧木上的萌生芽，当接芽长高到 15cm 以上时即可剪砧。嫁接幼苗的圃地，要及时进行松土除草和防治病虫害。

5. 注意事项

（1）嫁接刀要锋利并消毒以防接口感染；（2）接芽的长短厚薄要适中，砧木、接芽要紧密贴合，绑扎要牢固、密封；（3）嫁接前后圃地要灌水保持湿润，但水不能浸湿接芽；（4）嫁接过程要迅速、准确。

花卉嫁接时期：（1）春季是枝接的适宜时期，大部分植物适于春季嫁接。主要在 2—4 月。（2）夏季是嫩枝接和芽接的适宜时期，主要在 5—7 月。（3）秋季是芽接的适宜时期，主要在 8—10 月。（4）冬季一般在具有保温设施的保护地内进行，主要在 12 月—翌年 1 月。

1. 接穗的选择依据有哪些？
2. 嫁接育苗的特点有哪些？

任务三 | 露地花卉的栽培管理

【任务情境】

某单位后院有一 800 余平方米的空闲场地，遇到重大节日要营造良好环境，烘托节日气氛。今年计划于国庆节时在办公大院里摆放多个具体如图 1-12 所示的小花坛，请设法完成该单位的花卉生产任务。

图 1-12　草花花坛

【任务分析】

该花坛是用盆栽苏铁、万寿菊和鸡冠花组成；盆栽苏铁无法在短时间内自己生产，而万寿菊和鸡冠花则可利用空闲场地进行当年生产；完成该任务需要有生产方案的设计能力、露地一二年生花卉的生产管理能力以及花卉的应用能力。

一、露地一二年生花卉生产概述

露地花卉又称地栽花卉，是指在自然条件下，不需保护设施，即可完成全部生长过程的花卉。通常指一二年生草花、宿根花卉、球根花卉及园林绿地栽植的各类木本花卉。花卉露地栽培是指将花卉直播或移栽到露地栽培的方式。

（一）露地花卉生产的特点

1. 种类繁多，群体功能强

我国的自然气候分热带、亚热带、温带、寒带，所形成的露地栽培花卉种类繁多。在色彩上更是多种多样，可以满足多种要求。既可单株观赏，又可作为群体，成丛、成片种植，是布置花钵、花丛、花带、花坛、花境的良好材料。

2. 栽培容易，养护简单

露地花卉的繁殖、栽培大多没有特殊的要求，只要掌握好栽培季节和方法，均能成活。露地花卉对栽培条件适应性强，能自行调节水、肥、温、气栽培条件，依季节和天气的变化，对其进行必要的肥水管理即可正常生长和开花结果。但若要求定期开花或二次开花，则必须进行科学的修剪与抹芽，并配合适当的肥水措施，才能收到预期效果。

3. 成本低，收效快

露地花卉中的宿根花卉和球根花卉一次种植，可以连年多次开花，能长期展示观赏效果。成本低，收效快。一二年生草本花卉春季播种，夏、秋季即可开花，一般种植后 2~3 个月即可收效。

（二）露地花卉生产方式

露地花卉根据应用目的有两种生产方式：一种是按园林绿地的要求，在花坛、花池、花台、花境和花丛等地直播生产方式；另一种是圃地育苗移栽方式。

1. 直播生产方式

将种子直接播种于花坛或花池内使其生长发育至开花的过程称直播生产方式。适用于主根明显、须根少、不耐移植的花卉。如虞美人、香豌豆、飞燕草、矢车菊、茑萝、凤仙花、花菱草等。

2. 育苗移栽方式

先在育苗圃地播种培育花卉幼苗，长至成苗后，按要求定植到花坛、花池或各种园林绿地中的过程，称为育苗移栽方式。育苗移栽方式要选择主根、须根发达而且耐移栽的花卉种类，如万寿菊、一串红、孔雀草、三色堇、金盏菊、金鱼草等。近年来，人们在园林绿化种植中普遍采用穴盘育苗。穴盘苗移栽，成活率高，见效快，应用广泛。

（三）露地花卉的栽培管理

1. 整地作畦

播种或移植前，做好整地工作。整地深度视花卉种类及土壤状况而定。一二年生花卉生长期短，根系较浅，为了充分利用表土的优越性，一般翻 20cm 左右；球根花卉需要疏松的重土壤条件，需翻 30cm 左右。多年生露地木本花卉在栽植时，除应将表土深耕整平外，还需要开挖定植穴。大苗的穴深为 80~100cm，中型苗木为 60~80cm，小型苗木为 30~40cm。

作畦方式，依地区及地势不同而有差别，通常有高畦和低畦之分。高畦多用于南方多雨地区及低湿之处，其畦面高于地面 20~30cm，畦面两侧为排水沟，便于排水；低畦多用于北方干旱地区，畦两面有畦埂高出，能保留雨水及便于灌溉。

2. 间苗

在育苗过程中，将过密苗拔去称为间苗，也称疏苗。种子撒播于苗床出苗后，幼苗密生、拥挤，茎叶细长、瘦弱，不耐移栽。所以当幼苗出芽、子叶展开后，根据苗的大小和生长速度进行间苗。

间苗时应去密留稀，去弱留壮，使幼苗之间有一定距离，分布均匀。间苗常在土壤干湿适度时进行，并注意不要牵动留下幼苗的根系。露地培育的花苗一般多间苗 2 次。第一次在花苗出齐后进行，每墩留苗 2~3 株，按已定好的株行距把多余的苗木拔掉；第二次间苗称定苗，在幼苗长出 3~4 片真叶时进行，除准备成丛培养的花苗外，一般均留一株壮苗，间下的花苗可以补栽缺株。对于一些耐移植的花卉，还可移植到其他圃地继续栽植。间苗后需对畦面进行一次浇水，使幼苗根系与土壤密接。

间苗后使得空气流通，光照充足，改善了苗木生长的环境条件，并可预防病虫害的发生；同时也扩大了幼苗的营养面积，使幼苗生长健壮。

3. 移植与定植

露地花卉栽培中，除不宜移植而进行直播的种类外，大部分花卉均应先育苗，经几次移植，最后定植于花坛或绿地，包括一二年生草花、宿根花卉以及木本花卉。

（1）移植　移植包括起苗和栽植两个过程。由苗床挖苗称起苗。若是幼苗和易移植成活的大苗可以不带土；若是较大花苗和移植难以成活而又必须移植的花苗须带土移植。移植时可在幼苗长出 4~5 枚真叶或苗高 5cm 时进行，栽植时要使根系舒展，不卷曲，防止伤根。不带土的应将土壤压紧，带土的压时不要压碎土团。种植深度可与原种植深度一致或再深 1~2cm。移植时要掌握土壤不干不湿。避开烈日、大风天气，尽量选择阴天或下雨前进行。若晴天可在傍晚进行，移植后需遮阳管理，减少蒸发，以缩短缓苗期，提高成活率。

（2）定植　将幼苗或宿根花卉、木本花卉，按绿化设计要求栽植到花坛、花境或其他绿地称为定植。定植前要根据花卉的要求施入肥料。一二年生草花生长期短，根系分布浅，以壤土为宜。宿根花卉和木本花卉要施入有机肥，可供花卉生长发育吸收。定植时要掌握好苗木的株行距，不能过密，也不能过稀，按花冠幅度大小配置，以达到成龄花株的冠幅互相能衔接而又不挤压为度。

4. 水肥管理

（1）灌溉与排水　灌溉用水以清洁的河水、塘水、湖水为好。井水和自来水可以贮存 1~2d 后再用。新打的井，用水之前应经过水样化验，水质呈碱性或含盐质、已被污染的水不宜应用。

灌溉的次数、水量及时间主要根据季节、天气、土质、花卉种类及生长期等不同而异。春、夏季气温渐高，蒸发量大，北方雨量比较稀少，植物在生长季节，灌水要勤，且量要大，尤其对刚移植后的幼苗和一二年生草花及球根花卉，灌溉次数应较非移植的和宿根花卉为多。就宿根花卉而言，幼苗期要多浇水，但定植后管理可较粗放，肥水要减少。

立秋后，气温渐低，蒸发量小，露地花卉的生长多已停止，应减少灌水量，如天气不太干旱，一般不再灌水。冬季除一次冬灌外，一般不再进行灌溉。同一种花卉不同的生长发育阶段，对水分的需求量也不同，种子发芽前后浇水要适中；进入幼苗生长期，应适度减少浇水量，进行扣水蹲苗，利于孕蕾并防止徒长；生长盛期和开花盛期要浇足水；花前应适当控水；种子形成期，应适当减少浇水量，以利于种子成熟。

灌溉时间因季节而异。夏季为防止因灌溉而引起土壤温度骤降，伤害苗木的根系，常在早晚进行，此时水温与土温相近。冬季宜在中午前后。春、秋季视天气和气温的高低，选择中午和早晚。如遇阴天则全天都可以进行灌溉。

灌溉方法因花株大小而异。播种出土的幼苗，一般采用小水漫灌法，使耕作层吸足水分；也可用细孔喷水壶浇灌，要避免水的冲击力过大，冲倒苗株或溅起泥浆沾污叶片。对夏季花圃的灌溉，有条件的可采用漫灌法，灌一次透水，可保持园地湿润3~5天。也可用胶管、塑料管引水灌溉。大面积的圃地与园地的灌溉，需用灌溉机械进行沟灌、漫灌、喷灌或滴灌。

（2）施肥　花卉在生长发育过程中，植株从周围环境吸收大量水分和养分，所以必须向土壤施入氮、磷、钾等肥料来补充养料，满足花卉的需要。施肥的方法、时期、种类、数量与花卉种类、花卉所处的生长发育阶段、土质等有关。通常施肥分为以下几种。

①基肥：基肥也称底肥。选用厩肥、堆肥、饼肥、河泥等有机肥料加入骨粉或过磷酸钙作基肥，整地时翻入土中。有的肥料如饼肥、粪干有时也可进行沟施或穴施。这类肥料肥效较长，还能改善土壤的物理和化学性能。

②追肥：追肥是补充基肥的不足，在花卉的生长、开花、结果期，定期追施充分腐熟的肥料，及时有效地补给花卉所需养分，满足花卉不同生长、发育时期的特殊要求。追肥的肥料可以是固态的，也可以是液态的。追施液肥，常在土壤干燥时，结合浇水一起进行。一二年生花卉所需追肥次数较多，可10~15天追肥1次。

③根外追肥：根外追肥即对花卉枝、叶喷施营养液，也称叶面喷肥。当花卉急需养分补给或遇上土壤过湿时，可采用根外追肥。营养液中养分的含量极微，很易被枝、叶吸收，此法见效快，肥料利用率高。通常将尿素、过磷酸钙、硫酸亚铁、硫酸钾等，配成0.1%~0.2%的水溶液，在无风或微风的清晨、傍晚或阴天喷施于叶面。要将叶的正反两面全喷到，雨前不能喷施。一般每隔5~7天喷1次。根外追肥与根部施肥相结合，才能获得理想的效果。

一般花卉在幼苗期吸收量少，在中期茎叶大量生长至开花前吸收量呈直线上升，一直到开花后才逐渐减少。准确施肥还取决于气候、管理水平等。施用时不能沾污枝叶，要贯彻"薄肥勤施"的原则，切忌施浓肥。

水肥管理对花卉的生长发育影响很大，只有合理地进行浇水、施肥，做到适时、适量，才能保证花卉健壮地生长。

5. 越冬防寒

我国北方冬季寒冷，冰冻期又长，露地生长的花卉采取防寒措施才能安全越冬。常用的方法有以下几种：

（1）覆盖法　霜冻到来之前，在畦面上覆盖干草、落叶、马粪、草帘等，直到翌年春季。

（2）培土法　冬季将地上部分枯萎的宿根、球根花卉或部分木本花卉，壅土压埋或开沟压埋待春暖后，将土扒开，使其继续生长。

（3）灌水法 冬灌能减少或防止冻害，春灌有保温、增温效果。由于水的热容量大，灌水后能提高土的导热量，使深土层的热量容易传导到土面，从而提高近地表空气温度。

（4）包扎法 一些大型露地木本花卉常用草或薄膜包扎防寒。

（5）浅耕法 浅耕可降低因水分蒸发而产生的冷却作用，同时因土壤疏松，有利于太阳热的导入，对保温和增温有一定效果。

二、一二年生花卉生产案例

在露地花卉中，一二年生花卉对栽培管理条件要求比较严格，在花圃中要选择土壤、灌溉和管理条件最优越的地段。

（1）一二年生露地花卉的分类 通常在栽培中所说的一二年生露地花卉包括三大类：一类是一年生花卉，这类花卉一般在一个生长季内完成其生活史，通常在春天播种，夏秋开花结实，然后枯死，如鸡冠花、百日草等；一类是二年生花卉，在两个生长季内完成其生活史，通常在秋季播种，次年春夏开花，如须苞石竹、紫罗兰等；还有一类是多年生作一二年生栽培的花卉，其个体寿命超过2年，能多次开花结实，但在人工栽培的条件下，第二次开花时株形不整齐，开花不繁茂，因此常作一二年生花卉栽培，如一串红、金鱼草、矮牵牛等。

（2）一二年生花卉的播种时期 一二年生花卉，以播种繁殖为主，播种时期因地而异。一年生花卉，又名春播花卉，多原产热带和亚热带，耐寒力不强，遇霜即枯死，通常于春季晚霜后播种。我国南方一般在2月下旬到3月上旬播种，北方则在4月上、中旬播种。此外，为提早开花，往往在温室或冷床中提前播种，晚霜过后再移植于露地。二年生花卉耐寒力较强，华东地区不加防寒保护即可越冬，华北地区多在冷床中越冬。二年生花卉秋播，要求在严冬到来之前，在冷凉、短日照气候条件下，形成强健的营养器官，次年春天开花。二年生花卉秋播时间因南北地区不同而异，南方较迟，约在9月下旬到10月上旬；北方早些，约在9月上旬至中旬。而在一些冬季特别寒冷的地区，二年生花卉皆春播。另外，一些露地二年生花卉在冬季严寒到来之前，地尚未封冻时进行播种，华北地区一般在11月下旬进行，使种子在休眠状态下越冬，并经冬春低温完成春化阶段，如锦团石竹、福禄考等。还有一些直根性的二年生花卉亦属此类，如飞燕草、虞美人、矢车菊等。初冬直播在观赏地段，不用移植，如冬季未能播种，也可在早春地面解冻约10cm时进行播种，早春的低温尚可满足其春化的要求，但不如冬播生长良好。

（3）栽培过程

①一年生花卉：整地作床→播种→间苗→移植→（摘心）→定植→管理（同露地花卉管理）。

②二年生花卉：整地作床→播种→间苗→移植→越冬→移植→（摘心）→定植→管理（同露地花卉管理）。

（一）一串红（*Salvia splendens Ker-Gawl*）

一串红别名墙下红、撒尔维亚、爆竹红。唇形科、鼠尾草属，如图1-13所示。

1. 形态特征

在华南露地栽培的可多年栽培和生长，呈亚灌木状。生产栽培多进行一年生栽培。全株光滑，株高 30~80cm，茎四棱形，幼时绿色，后期呈紫褐色，基部半木质化。叶卵形或三角状卵形，对生，有长柄。轮伞状花序，密集成串着生，每序着花 4~6 朵。花冠唇形，伸出萼外，花萼钟状，和花冠同为红色。小坚果卵形，似鼠粪，黑褐色，千粒重 2.8 g，种子寿命 1~4 年。

图 1-13　一串红

2. 类型及品种

同属常见栽培的还有以下几种：

（1）朱唇（*S. coccinea*）　别名红花鼠尾草。原产北美南部，多作一年生栽培。花萼绿色，花冠鲜红色，下唇长于上唇两倍，自播繁衍，栽培容易。

（2）一串紫（*S. horminum*）　原产南欧，一年生草本。具长穗状花序，花小，紫、雪青等色。

（3）一串蓝（*S. farinacea*）　别名粉萼鼠尾草。原产北美南部，在华东地区多作多年生栽培，华北作一年生栽培。花冠青蓝色，被柔毛。此外还有一串粉、一串白。

3. 产地与生态习性

原产于南美巴西。喜温暖湿润气候，不耐寒，怕霜冻。最适生长温度 20~25℃。喜阳光充足环境，但也能耐半阴。幼苗忌干旱又怕水涝。对土壤要求不严，在疏松而肥沃的土壤上生长良好。

4. 生产栽培技术

（1）繁殖技术　采用播种、扦插和分株等方法繁殖。分批播种可分期开花，北京地区"五一"用花需秋播，10月上旬植于温室内，不断摘心，抑制开花，于"五一"前 25~30 天，停止摘心，"五一"繁花盛开。"十一"用花，早春 2 月下旬或 3 月上旬在温室或阳畦播种育苗，4 月下旬栽入花坛，不断摘心，抑制开花，于"十一"前 25~30 天，停止摘心，则"十一"可繁花盛开。3 月露地播种，可供夏末开花。播种量 15~20 g/m²，播后覆细土 1cm。

为加大花苗繁殖量，从 4~9 月可结合摘心剪取枝条先端 5~6cm 的枝段进行嫩枝扦插，10d 左右生根，30d 就可分栽。

（2）栽培管理技术　一串红对水分要求较为严格，苗期不能过分控水，不然容易形成小老苗，水分也不宜过多，否则会导致叶片脱落。育苗移栽的需带土球，无论地栽或盆栽，当幼苗高 10cm 时留 2 片叶摘心，促使萌发侧枝。以后再长出 4 枚叶片再进行摘心，反复摘心，摘心约 25 天后即可开花，故可通过摘心控制花期。生长期施用 1500 倍的硫酸铵以改变叶色。花前追施磷肥，开花尤佳。一串红苗期易得猝倒病，育苗时应注意预防。育苗前用 50%多菌灵或 50%福美双可湿性粉剂 500 倍液对土壤进行浇灌灭菌，出苗后，向苗床喷施 50%多菌灵可湿性粉剂 800 倍液，每隔 7~10 天喷 1 次，连喷 2~3 次。

5. 园林应用

一串红可单一布置花坛、花境或花台，也可作花丛和花群的镶边。盆栽后是组设盆花群不可缺少的材料，可与其他盆花形成鲜明的色彩对比。全株均可入药，有凉血消肿的功效。还是一种很好的抗污花卉，对硫、氯的吸收能力较强，但抗性弱，所以既是硫和氯的抗性植物，又是二氧化硫、氯气的监测植物。

（二）万寿菊（*Tagetes erecta* L）

万寿菊别名臭芙蓉、蜂窝菊、臭菊，如图1-14所示。菊科、万寿菊属。

图1-14　万寿菊

1. 形态特征

茎粗壮而光滑，株高30~60cm，全株具异味，叶对生或互生，单叶羽状全裂。裂片披针形，具锯齿，裂片边缘有油腺点，有强臭味，因此无病虫。头状花序着生枝顶，黄或橘黄色。舌状花有长爪，边缘皱曲。总花梗肿大、瘦果线性，种子千粒重3g。

2. 类型及品种

目前市场流行的万寿菊品种多为F1代杂交种，包括两大类：一类为植株低矮的花坛用品种；一类为切花品种。花坛用品种植株高度通常在40cm以下，株形紧密，既有长日照条件下开花的品种，如万夏系列、四季系列、丽金系列；也有短日照品种，如虚无系列。切花品种一般株高60cm以上，茎秆粗壮有力，花径10cm以上，多为短日照品种，如欢呼系列、英雄系列、明星系列、丰富系列等。

3. 产地与生态习性

原产墨西哥，我国南北均可栽培。喜温暖，稍耐早霜，要求阳光充足，在半阴处也可开花。抗性强，对土壤要求不严，适宜pH为5.5~6.5。耐移植，生长迅速，病虫害少。

4. 生产栽培技术

（1）繁殖技术　采用播种和扦插法繁殖。万寿菊一般春播70~80d即可开花，夏播50~60d即可开花。可根据需要选择合适的播种日期。早春在温室中育苗可用于"五一"花坛，夏播可供"十一"用花。播种量15~20 g/m²，覆土0.8~1.0cm，温度控制在20℃左右。真叶2~3枚时，经一次移植，具5~6对叶片时可定植。扦插繁殖，在6—7月采取嫩枝长5~7cm扦插，略遮阳，极易成活。2周生根，1个月可开花。

（2）栽培管理技术　万寿菊适应性强，在一般园地上均能生长良好，极易栽培。苗高15cm可摘心促分枝。对土壤要求不严，栽植前结合整地可少施一些薄肥，以后不必追肥。开花期每月追肥可延长花期，但注意氮肥不可过多。常有蚜虫为害，可用烟草水50~100倍液或抗蚜威2000~3000倍液防治。

5. 园林应用

万寿菊花大色美，花期长，其中矮生品种最适宜布置花坛、花丛或花境，还可作吊篮、种植钵；高生品种花梗长，切花水养持久。抗二氧化硫及氟化氢性能强，同时也能抗氮氧化物、氯气等有害气体，是重要的工厂抗污染花卉。

技能训练

鸡冠花生产技术

一、实训目的

掌握盆栽鸡冠花的生产技术与操作规程。

二、主要仪器及试材

1. 材料

营养土、鸡冠花种子。

2. 工具

黑色营养钵、花铲、筛子、碎瓦片、喷壶、竹片、喷雾器、小铁耙等。

三、实训内容与技术操作规程

1. 生物学特性

鸡冠花喜温暖、干燥和阳光充足环境。生长适温为 18~24℃，开花期适温为 24~26℃，植株粗壮，花头肥大、厚实、色彩鲜艳。若光线不足，茎叶易徒长，叶色淡绿，花朵变小。生产盆栽鸡冠花必须选择阳光充足场所。土壤选择肥沃疏松、排水良好的砂质壤土，忌黏湿土壤。在瘠薄土壤中生长差，花序变小。

2. 繁殖方法

常用播种繁殖。于 4—5 月播种，种子 1200~1600 粒/g，发芽适温 21~24℃，播后 10~12 天发芽。幼苗生长期以 16~18℃为宜，温度过高，幼苗易徒长。

3. 配制培养土

鸡冠花培养土可用腐叶土 4 份、园土 3 份、河沙 2 份、草木灰 1 份，并加入少量过磷酸钙或骨粉配制；生产上也可以就地取材，只要确保疏松肥沃、排水良好的砂质壤土即可。

4. 生产管理

（1）上盆 上盆是指把繁殖的幼苗栽植到花盆中的工作。此外，如露地栽植的植株移到花盆中也是上盆。具体做法如下：首先是选盆，按照苗木的大小选择合适规格的花盆，生产上常用通气性好的土瓦盆或价格便宜的塑料盆；然后是上盆操作，用碎瓦片或纱窗网盖于盆底排水孔，凹面向下，盆底部填入一层粗粒营养土、碎瓦片或煤渣，作为排水层，再填入一层营养土。植苗时，用左手持苗，放于盆口中央适当位置，右手填营养土，用手压紧。填完营养土后，土面与盆口应有适当距离。然后，用喷壶灌水、淋洒枝叶，放置到遮阴处缓苗数日。待苗恢复生长后，逐渐放于光照充足处。

（2）换盆　换盆有三种情况：一是随着幼苗的生长，根系在原来较小的盆中已无法伸展，根系相互盘叠或穿出排水孔；二是由于多年养植，盆中的土壤养分丧失，物理性质恶化；三是植株根系老化，需要更新时，盆的大小可不变，换盆只是为修整根系和换新的营养土。鸡冠花生长迅速，从播种到开花要换盆2~3次。

（3）管理　幼苗3~4片叶时，于阴天移植盆栽，先用小盆培育，后常定植到10cm盆。头状鸡冠花生长期不摘心，而穗状鸡冠花具7~8片叶时摘心，促进多分枝。为使鸡冠花主枝上花朵硕大，应在幼苗期及时摘去旁生腋芽。生长期每半月施肥1次，或用"卉友"20-20-20通用肥。保持土壤稍干燥，盛夏浇水需在早上或晚上，以免损伤叶片。如土壤过湿或施肥过量，都会引起植株徒长和花期延迟。花前增施1~2次磷钾肥，使花序色彩更鲜艳。鸡冠花基部叶片易受泥土污染而腐烂脱落，盆栽时最好在地面用地膜覆盖，防止雨时泥土沾污叶片。鸡冠花为异花授粉植物，留种必须隔离，防止杂交，影响种子质量。

5. 病虫害防治

常见叶斑病、立枯病和炭疽病危害，可用等量式波尔多液或65%代森锌可湿性粉剂600倍液喷洒。虫害有蚜虫、小绿蚱蜢、叶螨危害，用90%敌百虫原药800倍液喷杀。

四、注意事项

（1）鸡冠花耐干燥，怕水涝。尤其南方梅雨季节雨水多，空气湿度大，对鸡冠花生长极为不利。如盆土积水，常受涝死亡，要注意排水防涝。

（2）鸡冠花对干旱也非常敏感，保持盆土稍湿润，否则茎叶极易凋萎下垂，影响正常生长。

（3）花卉生产时肥料种类繁多，各地要因地制宜发掘肥源，条件成熟时尽量使用各类专用肥料。

（4）给盆花浇水要遵循"先浇根，后浇叶"的原则，另外施肥后一定要喷水淋洗，避免损害叶片。

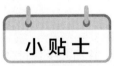

一二年生花卉在栽培技术上有很多共同点，但二者的生态习性却不尽相同。一年生花卉大多原产热带及亚热带地区，耐寒性差；而二年生花卉大多原产于温带地区，有一定的耐寒力，苗期要经过一段1~5℃的低温，才能进行花芽分化。多数露地一二年生花卉均为阳性花卉，生长发育需要充足的光照。一年生花卉于夏秋开花，多为短日照花卉；二年生花卉于春季开花，多为长日照花卉。

一二年生花卉多用播种繁殖。目前多用容器育苗法，根据环境条件、用花时间决定播种时间；根据种子特性选择播种方法、播种密度和覆土深度。

一年生花卉的耐寒力弱，遇霜枯死，多在春季晚霜过后播种；二年生花卉的耐寒力相对较强，宜在秋季播种。

思考练习

1. 一二年生花卉在栽培技术上有何共同点？
2. 请针对本项任务情境，拟出一份生产方案。
3. 盆栽鸡冠花生产栽培有何技术要点？

任务四｜花木整形修剪

【任务情境】

现一园林养护公司承包一公园绿化养护工作，需要花卉园艺工们对园内花木进行修剪，技术工们需要按照季节、花木树种、造型需要来制订修剪方案实施整形修剪（图1-15）。

图 1-15　整形修剪

【任务分析】

花木的整形修剪是技术含量比较高的工作，修剪直接影响到花木后期的长势优劣、观赏性以及开花量，在合适的时间以对的方式进行整形修剪对绿化景观的保持是非常重要的。

知识链接

整形是指根据植物生长发育特性和人们观赏与生产的需要，对植物施行一定的技术措施以培养出所需要的结构和形态的一种技术。修剪是指对植物的某些器官（茎、枝、芽、叶、花、果、根）进行部分疏删和剪截的操作。

整形是通过修剪技术来完成的，修剪又是在整形的基础上而实行的。一般在植物幼年期以整形为主，当经过一定阶段冠形骨架基本形成后，则以修剪为主。但任何修剪时期都须有整形概念。二者是统一于一定栽培管理目的要求之下的技术措施。

一、整形修剪的目的和作用

（1）保证植物的健康；
（2）培养植物形体，控制植物大小；
（3）调节植物与环境关系；
（4）调节植物各部分均衡关系；
（5）促进植物水分平衡。

二、整形修剪的方式

1. 自然式整形修剪

在树木的自然树形基础上，稍加修整，只修剪破坏树形和有损树体健康与行人安全的过密枝、徒长枝、内膛枝等。常见的自然式整形形态如图 1-16 所示。

图 1-16　常见的自然式整形形态

（1）尖塔形　单轴分枝的植物形成的冠形之一，顶端优势强，有明显的中心主干，如雪松、南洋杉、大叶竹柏和落羽杉等。

（2）圆柱形　也是单轴分枝的植物形成的冠形之一，中心主干明显，主枝长度上下相差较小，形成上下几乎同粗的树冠，如龙柏、钻天杨等。

（3）圆锥形　介于尖塔形和圆柱形之间的一种树形，由单轴分枝形成的冠形，如桧柏、银桦、美洲白蜡等。

（4）椭圆形　合轴分枝的植物形成的树冠之一，主干和顶端优势明显，但基部枝条生长较慢，大多数阔叶树属此冠形，如加杨、扁桃、大叶相思和乐昌含笑等。

（5）圆球形　合轴分枝形成的冠形，如樱花、元宝枫、馒头柳、蝴蝶果等。

（6）伞形　一般也是合轴分枝形成的冠形，如合欢、鸡爪槭。只有主干、没有分枝的大王椰子、假槟榔、国王椰、棕榈等也属于这种树形。

（7）垂枝形　有一段明显的主干，但所有的枝条却似长丝垂悬，如垂柳、龙爪槐、垂枝榆、垂枝桃等。

（8）拱枝形 主干不明显，长枝弯曲成拱形，如迎春、金钟、连翘等。

（9）丛生形 主干不明显，多个主枝从基部萌蘖而成，如贴梗海棠、玫瑰、山麻杆等。

（10）匍匐形 枝条匍地生长，如铺地柏等。

2. 人工式整形修剪

按照人的艺术需求修整成规则的几何体或非规则的形体，违反树木的自然生长特性，抑制强度大。常见的人工式整形形态如图1-17所示。

（1）几何形式 通过修剪整形，最终植物的树冠成为各种几何体，如正方体、长方体、球体、半球体或不规则几何体等。

（2）建筑物形式 如亭、楼、台等，常见于寺庙、陵园及名胜古迹处。

（3）动物形式 如鸡、马、鹿、兔、大熊猫等，惟妙惟肖，栩栩如生。

（4）古树盆景式 运用树桩盆景的造型技艺，将植物的冠形修剪成单干式、多干式、丛生式、悬崖式、攀援式等各种形式，如小叶榕、勒杜鹃等植物可进行这种形式的修剪。

（5）垣壁式 主要用于垂直绿化，如绿墙或篱垣。

图1-17 常见的人工式整形形态

3. 混合式整形修剪

根据园林绿化需求，对自然树形进行人工改造。

（1）杯形 无中心干，主干很短，自主干上部分生三个主枝，夹角约45°，三个主枝各分生2个枝形成6个枝，6枝各分生2枝形成12枝，"三股、六杈、十二枝"，冠内无直立枝，向内枝（图1-18），如法国梧桐。

（2）自然开心形 由杯形改进而来，无主干，分枝点低，3个主枝错落分布，由主干向四周放射而出，中心开展，树冠不完全平面化，较好的利用空间（图1-19），如樱花、桃花、合欢。自然开心树形是在杯形、改良杯形基础上发展而成的，它保留了杯形的树冠开张、通风良好等优点，主枝在主干上错落生长，与主干结合牢固，负载量大，不易劈裂；骨干枝上有许多枝组遮阴保护，能减少日灼病的发生，又弥补了杯形的不足。另外，骨干枝配备比较灵活，形式多样，适于多种栽培条件。

图1-18 杯形

图1-19 自然开心形

（3）中央领导干形　一个强中央领导干，其上稀疏主枝（图1-20），如银杏、雪松。

（4）多领导干形　2~4个中央领导干，其上分配侧生主枝，形成匀称树冠（图1-21），如海棠。

图1-20 中央领导干形

图1-21 多领导干形

（5）丛球形　类似多领导干，主干短，干上留数主枝成丛状，如连翘，黄刺玫。

（6）棚架形　棚架、廊亭。

三、修剪时间

花木的整形修剪可以在两个时间段进行：休眠期修剪（冬季修剪）和生长期修剪（夏季修剪）。

1. 休眠期修剪（12月—翌年2月）

休眠期修剪的好处是树体营养已集中，修剪减少枝芽量，促进新梢生长。落叶树最佳修剪时期为落叶后一个月左右。早春修剪，剪口易愈合，不宜太迟，树液上升，损失养分。桦树、葡萄、香槐、核桃、枫杨早春修剪，大量伤流，宜在夏季着叶丰富的时候修剪。

2. 生长期修剪（4—10月）

生长期进行修剪能判断枝条的优劣，夏季比冬季对树体生长影响大。春动花宜夏剪，如腊梅、梅花、桃花、山茶、玫瑰等。但要注意冬剪可重，夏剪宜轻；树形改造，以冬剪为主。

早春萌芽前修剪，伤口愈合快，免受冻伤。常绿树无真正的休眠期，除过于寒冷或炎热外，均可修剪。绿篱需夏季修剪整齐、美观。

露地花卉的整形修剪

一、实训目的

使学生熟悉花卉生长发育规律，掌握露地花卉整形、修剪技术方法。

二、主要仪器与试材

枝剪、刀片、细绳、铁丝、塑料袋等。

三、实训内容与技术操作规程

选定露地草花或者木本花卉为材料，由教师指导学生分组进行整形修剪。根据花卉种类研究制订整形修剪方案及修剪内容。

具体操作：先修剪枯枝、残花、残叶，再修剪徒长枝、过弱枝、砧木萌蘖。

根据株型培养计划，去除多余枝叶，根据花期及花枝数，确定摘心、抹芽、摘蕾数量。

四、注意事项

整理合理的周年整形、修剪的时间和技术处理。

整形修剪的方法

通过修剪与整形可使花卉植株枝叶生长均衡，协调丰满，花繁果硕，有良好的观赏效果。修剪包括摘心、抹芽、剥蕾、折枝、捻梢、曲枝、短剪、疏剪等。

（1）摘心　摘心是指摘除正在生长的嫩枝顶端。摘心可以促使侧枝萌发，增加开花枝数，使植株矮化，株形圆整，开花整齐。摘心也有抑制生长，推迟开花的作用。需要进行摘心的花卉有一串红、万寿菊、千日红等。但有些情况不宜摘心，如植株矮小、分枝又多的三色堇、石竹等，主茎上着花多且朵大的球头鸡冠花、凤仙花等，以及要求尽早开花的花卉。

（2）抹芽　抹芽是指剥去过多的腋芽或挖掉脚芽，限制枝数的增加或过多花朵的发生，使营养相对集中，花朵充实，花朵大，如菊花、牡丹等。

（3）剥蕾　剥蕾是指剥去侧蕾和副蕾，使营养集中供主蕾开花，保证花朵的质量，如芍药、牡丹、菊花等。

（4）折枝、捻梢　折枝是将新梢折曲，但仍连而不断；捻梢指将梢捻转。折枝和捻梢均可抑制新梢徒长，促进花芽分化。一些蔓生藤本花卉常采用这种做法，如牵牛、茑萝等常用此方法

（5）曲枝　曲枝是指为使枝条生长均衡，将生长势过旺的枝条向侧方压曲，将长势弱的枝条顺直，达到抑强扶弱的效果，如大立菊、一品红等。木本花卉用细绳将枝条拉直、向左或向右方向拉平，使枝条分布均匀，如金橘、代代、佛手等。

（6）疏剪　疏剪是指剪除枯枝、病弱枝、交叉枝、过密枝、徒长枝等，以利通风透光，且使树体造型更加完美。

（7）短剪　短剪分重剪和轻剪。重剪是剪去枝条的2/3，轻剪是将枝条剪去1/3。月季、牡丹冬剪时常用重剪方法，生长期的修剪多采用轻剪。

拓展训练

重庆地区露地花卉养护月历

1. 一月

（1）进行园林树木、盆栽花卉等的冬季整形，剪除枯、残、病虫枝，彻底清除越冬的皮虫囊、刺蛾茧以及潜伏的越冬害虫。

（2）可以进行一般园林树木的移栽工作，但寒潮、雨雪、冰冻天气应暂停树木的挖、移、种。

（3）翻地冬耕、施足基肥。

（4）采集、贮藏好硬枝插条。

（5）大量积肥、沤制堆肥，配制培养土。

（6）经常注意检查防寒设备、设施及苗木防寒包扎物，随时注意温室、温床的管理。

2. 二月

（1）继续进行园林树木的冬季整形修剪。

（2）继续进行一般园林树木的移栽工作。

（3）继续积肥和沤制堆肥，配制培养土，继续对各种落叶园林树木施冬肥。

（4）完成硬枝扦插条的采集、剪截工作，并可对杨树、柳树、悬铃木等进行扦插。

（5）完成育苗的整理及施基肥工作。

（6）继续剪除病虫枝，并注意观察病虫害的发生情况，温室注意灰霉软腐病、瓜叶白粉病的发生及防治。

（7）注意做好温室、温床的通风、遮阴、防寒等工作。

3. 三月

（1）植树节应安排好义务植树活动，大量栽种树木、花草，做好爱护、保护绿化成果的宣传和教育工作。

（2）做好苗木挖运工作，保证大规模植树所需苗木的供应，新栽树木要加强养护管理，保证成活。

（3）全部完成育苗地的整地作畦工作，保证播种、扦插及移植苗木的顺利进行。对落叶树木（特别是行道树）的休眠期修剪必须在本月底前结束。及时对各种园林植物进行扦插、播种、分株以及部分花木的嫁接等繁殖工作。

（4）天气渐暖，许多病虫害即将发生，要维护修理好各种除虫防病器械并准备好药品，注意蚜虫、草履蚧的发生，做到及时防治。

（5）经常注意温室、温床的通风等管理工作。

4. 四月

（1）本月不再移栽落叶树木，要抓紧做好常绿树木的移栽工作。

（2）加强新栽树木的养护管理工作。

（3）做好树木的剥芽、修剪工作。随时除去多余的嫩芽和生长部位不当的枝条。

（4）播种百日草、千日红、鸡冠花、万寿菊、一串红、半枝莲等一年生草花。

（5）做好盆栽、地栽花木的松土、除草、花前施肥等工作。每周应对宿根花卉、春播草、花施薄肥。

（6）抓好蛴螬、螨虫、地老虎、蚜蟥、蝼蛄等害虫及白粉病、锈病的防治工作。

5. 五月

（1）对春季开花的灌木进行花后修剪和绿篱修剪，按技术操作要求，对行道树、庭园树进行剥芽修剪，对发生萌蘖的小苗根部随时修剪剥除。

（2）继续加强新栽树木的养护管理工作，做好补苗、间苗、定苗工作，增施追肥、勤施薄肥。

（3）本月气温渐高，病虫害大量危害树木花卉，应注意虫情的预测、预报，做好防虫、防病工作。

（4）进行草坪轧除工作，继续除去草坪中的杂草。

6. 六月

（1）进入梅雨季节，气温高、湿度大，应抓紧进行补植和嫩枝扦插。

（2）对花灌木进行花后修剪、施肥；对一些春播草花进行摘心；对行道树进行适当修剪，解除枝条与架空线路的矛盾。

（3）继续除去杂草，对草坪进行轧剪。

（4）做好病虫害的防治工作，本月着重防治袋蛾、刺蛾、毒蛾、尺蛾、龟蜡蚧等害虫和叶斑病、炭疽病、煤污病等病害。

7. 七月

（1）本月气温炎热、杂草生长快，要继续中耕除草、疏松土壤。

（2）袋蛾、刺蛾、天牛、龟蜡蚧、盾蚧、第二代吹绵蚧、螨类等害虫大量发生，应注意防治，同时要继续防治炭疽病、白粉病、叶斑病等病。

（3）伏天气温高，雨水少时要灌溉抗旱，本月又是暴雨较多的月份，故要注意防涝。

（4）本月进入潮汛季节，要做好防汛工作。

（5）扦插苗遮阴、浇水，勤施薄肥。

8. 八月

（1）继续中耕除草，疏松土壤。

（2）继续做好防旱排涝工作，保证苗木的正常工作。

（3）本月苗木生长旺盛，要及时追施肥料，对小苗要勤施薄肥。

（4）加强梅雨季节扦插的小苗管理。

（5）继续做好防治病虫害工作，要认真防治危害树木的主要害虫（袋蛾、第二代刺蛾、天牛、螨虫类等）及主要病害（炭疽病、白粉病、叶斑病等）。

9. 九月

（1）继续抓好防害灭病工作，特别要经常检查蚜虫、木囊蛾等的发生情况，一经发现，立即防治。

（2）继续进行中耕除草，除去草坪杂草，进行草坪轧剪，对绿篱等进行整形修剪。

（3）播种秋播花卉（如三色堇、金鱼草、雏菊等），扦插月季、蔷薇等。

（4）继续抓好病虫害防治工作，特别要检查发生较多的蚜虫、袋蛾、刺蛾、褐斑病及花灌木煤污病等病虫害情况，及时防治。

（5）对单位庭园、道路旁及公园绿地等处配置露地花卉，准备迎接国庆。

10. 十月

（1）分栽各种秋播花卉，继续扦插月季、香石竹等，嫁接月季、蔷薇等。

（2）做好防治病虫害工作，消灭各种成虫和虫卵。

（3）继续中耕除草。

（4）苗木停止生长后，检查成活率，及时补栽，保证冬春绿化工作的顺利进行。

11. 十一月

（1）本月可以移栽许多常绿树木和少数落叶树木。

（2）进行冬季树木整形修剪，剪除病枝、枯枝、虫卵枝及竞争枝、过密枝等。修剪行道树，操作时要严格掌握操作规程和技术要求。

（3）开始冬耕竹林，进行耕后施肥。

（4）继续做好除害灭菌工作，特别是除袋蛾囊、刺蛾茧等。

（5）对温室进行消毒，做好温室花木进房前的病虫害防治工作。

（6）做好防寒工作，对部分树木进行涂白、用草绳包扎或设风障。

（7）采集、剪做、贮藏扦插枝条。

（8）进行冬翻，改良土壤。

12. 十二月

（1）继续进行园林树木的整形修剪工作。

（2）除雨、雪、冰冻天外，可以挖掘种植大部分落叶树。

（3）大量积肥，冬耕翻地，改良土壤。

（4）做好防寒保暖工作，随时检查温室、温床、覆盖物、包扎物等设备设施，发现问题要迅速采取措施。

（5）继续抓好防治病虫害工作，剪除病虫枝、枯枝，消灭越冬病虫源，并结合冬季大扫除，搞好绿地卫生工作。

（6）继续采取、剪取、贮藏扦插枝条。

（7）维修工具，保养机械设备。

（8）做好总结评比工作，制订来年工作月历。

小贴士

花木整形修剪"一知二看三剪四拿五处理"。一知，修剪前要了解修剪操作规程、技术规范及特殊要求。二看，修剪前先绕树观察，对树木的修剪方法做到心中有数。三剪，根据因地制宜，因树修剪的原则，做到合理修剪。四拿，修剪下来的枝条，及时拿掉，集体运走，保证环境整洁。五处理，减下来的枝条要及时处理，防止病虫害滋生蔓延。

思考练习

1. 绿篱应该在什么时间进行修剪？如何修剪？
2. 早春不能进行修剪的花木有哪些？为什么？

任务五｜露地花卉有害生物防治

【任务情境】

露地花卉的整个生长发育周期可以在露地进行，其有害生物危害的种类和时期均比较严重，所以对露地花卉有害生物的防治必须全程关注和及时采取措施。

【任务分析】

有害生物是花卉栽培中难免的问题，可能会造成栽植彻底失败。有害生物的防治是花卉栽培获得成功的关键之一，首先要从加强栽培管理，提高花卉本身的抗病虫害能力入手，应及时发现并立即采取措施。露地花卉有害生物中最重要的是病虫害。

花卉的病害，一般由病菌寄生引起。如果场地阳光充足、空气流通、周围干净，病菌就不容易侵害。花卉一旦得病，应立即隔离栽培并喷施农药。有时为防止病害蔓延，应将病株或发病枝叶立即焚烧。

知识链接

有害生物，是指在一定条件下，对人类的生活、生产甚至生存产生危害的生物；是由数量多而导致圈养动物和栽培作物、花卉、苗木受到重大损害的生物。狭义上仅指动物，广义上包括动物、植物、微生物乃至病毒。根据其危害可以大致分为以下几类：

（1）可以传播疾病的有害生物，也称病媒生物，如蚊、蝇、蚤、鼠、蟑螂、蜱、螨、蠓等。

（2）由境外传入的非本地（或一定自然区域内）的原有生物，可能对我国生态环境造成破坏的动物、植物、微生物及病毒等，如红火蚁、松材线虫、豚草、水葫芦等。

（3）危害建筑和建筑材料的有害生物，如白蚁、木材甲虫等。

（4）仓储有害生物，如面粉甲虫、谷物蛀虫等。

（5）纺织品害虫，如地毯甲虫、衣鱼等。

（6）还有些生物，偶尔进入人类居住场所，引起居民不安，也可列入有害生物，如蜈蚣、蝎子、蟑螂等。

（7）危害农林作物，并能造成显著损失的生物，如蝗虫、蚜虫等。

有害生物防治（Pest Control Operation），简称PCO。PCO的核心是有害生物的综合防治，即从有害生物与环境以及社会条件的整体观念出发，根据标本兼治而着重治本以及有效、经济、简便和安全，包括对环境无害地原则，因地制宜地对有害虫种采用适当地环境治理、化学治理、生物防治或其他科学有效手段组成一套系统地防治措施，将其种群密度控制在不足为害地水平，并争取予以清除，以达到除害灭病或减少骚扰的目的。

有害生物控制或称害虫防治是一项产业，它是针对危害人类健康、骚扰人居环境的有害昆虫和其他动物进行有效控制的服务业。

在自然界同一种有害生物的种群中，各个体之间对药剂的耐受能力有大有小。一次施药防治后，耐受能力小的个体被杀死，而少数耐受能力强的个体不会很快死亡，或者根本就不会被毒杀死。这部分存活下来的个体能把对农药耐受能力遗传给后代，当再次施用同一种农药防治时，就会有较多的耐药个体存活下来。如此连续若干年、若干代以后，耐药后代达到一定数量，形成了强耐药性种群，且耐药能力一代比一代强，以致再使用这种农药防治这种强耐药种群时效果很差，甚至无效。这种长期反复接触同种农药所产生的耐药能力就称作抗药性。

技能训练

露地花卉病害的识别与防治技术

一、实训目的

通过常见病虫害的识别与防治技术的训练，了解在病虫害的多发期如何做到预防为主、防治结合。

二、主要仪器与试材

病虫害植株、放大镜、显微镜、药剂、喷雾器。

三、实训内容与技术操作规程

1. 贴梗海棠锈病

（1）症状　感病的叶片初期在叶片正面出现黄绿色小点，逐渐扩大，表面为橙黄色斑，6月中旬病斑上生出略呈轮状的黑点，即性孢子器，后期背面生出黄色粉状物，即锈孢子器，内产生锈孢子，秋冬季为害松柏。

（2）病原及发病规律 病原为山田胶锈菌（*Gymnosporangium yamadai*）。病菌在松柏上越冬，3月下旬冬孢子形成，4月遇雨产生小孢子，借风雨传播，浸染海棠，7月产生锈孢子，借风传播到松柏上，侵入嫩梢，雨水多是该病发生的主要条件。

（3）防治方法 ①避免将海棠、松柏种在一起。②于3月下旬冬孢子堆成熟时，往松柏上喷施1:2:100的波尔多液。③海棠发病初期喷15%粉锈宁可湿性粉剂1500倍液。

2. 紫薇煤污病

（1）症状 病害先在叶片正面沿主脉产生，逐渐覆盖整个叶面，严重时叶面布满黑色煤尘状物。病菌的菌丝体覆盖叶表，阻塞叶片气孔，妨碍正常的光合作用。

（2）病原及发病规律 紫薇煤污病的病原菌为煤炱菌属一种，属于囊菌亚门核菌纲。病原菌以菌丝体或子囊座在叶面或枝上越冬。春、秋为病害盛发期，过分阴蔽潮湿时容易感病，病菌由介壳虫、蚜虫经风雨传播。紫薇上蚜虫分泌的蜜汁给病菌的生长提供了营养源。

（3）防治方法 ①加强栽培管理，种植密度要适当，及时修剪病枝和多余枝条、增强通风透光性。②煤污病的防治应以治虫为主，可喷洒10~20倍的松脂合剂及50%硫磷乳剂1500~2000倍液以杀死介壳虫（在幼虫初孵时喷施效果较好），用40%氧化乐果2000倍液或50%马拉硫磷1000倍液喷杀蚜虫。1. 01kg/L的石硫合剂杀菌效果也较好。

四、注意事项

操作时注意用药安全及规范操作。

高级技术

露地花卉病虫害田间快速诊断

1. 花卉缺营养元素

（1）缺镁时，老叶的叶脉间发生黄化，逐渐蔓延到新叶、叶肉黄色而叶脉仍为绿色，花色变白，可喷1%硫酸镁防治。

（2）缺铁时，从新叶开始，继而发展到整个植株，并且植株的根茎生长受到抑制。先在叶脉间发生黄化，重时全叶变黄，发黄后新叶变白，叶尖或叶缘焦枯。

（3）缺钙时，顶芽受损，引起根尖坏死，嫩叶失绿，叶缘卷曲枯焦，并且造成不结实或少结实。可喷氨基酸钙或氯化钙防治。

（4）缺锌时，植株节间萎缩僵化，叶片发黄，由老叶蔓延到新叶，叶片、果实变小或变形，故称小叶病。可在发芽前土施或喷1%~2%硫酸锌防治。

（5）缺铜时，叶尖发白，幼叶萎缩，果实小或无果实。可喷0.5%硫酸铜防治。

（6）缺硼时，嫩叶失绿，叶片肥厚皱缩，根系不发达，顶芽和幼根生长点死亡，并落花落果。果实有水浸性和缩果型两种。可喷0.2%~0.3%的水溶性硼防治。

2. 苗期病害

花卉苗期病害对花卉的生长发育影响很大。主要有猝倒病和立枯病。这些病害主要危害花苗的根部与茎基部，轻则引起病部组织坏死，生长缓慢，重则幼苗死亡，尤其是猝倒病危害大。

猝倒病的诊断：种子或幼芽没出土前在土壤里遭受浸泡而腐烂，可看到明显的缺苗断条，当然缺苗断条也可能有其他原因。幼茎或根系遭受浸泡后呈水渍状病变，接着籽苗发病部位变成黄褐色，向上下扩展，使籽苗倒伏，一般子叶还没凋萎，籽苗就猝倒，贴伏在地面上，有时下胚轴和子叶都腐烂，变褐枯死（如松果菊）。当湿度大时，病株附近长出白色棉絮状菌丝，开始常是个别发病，几天后，以此为中心向外蔓延扩展，最后引起成片猝倒，甚至籽苗全部死亡。

3. 土传病害

以白绢病为例，此病发生时，在植株的茎部基部或根部出现白色绢丝状菌丝，叶片自下而上逐渐枯萎，甚至全部枯死，气温过高、空气过潮、土壤渍水，易得此病。

4. 真菌性叶斑病

如疽病病，发生初期，叶上呈现水渍状绿色小点，后逐渐扩展为褐色圆形病斑。防治方法为：喷洒多菌灵溶液，改善通风透光状况。

5. 细菌性病害

如溃疡病，发病时叶片上出现圆形赤褐色斑点，枝条呈淡色，久病后叶落。施肥过多，枝叶徒长，容易引起此病。

6. 刺吸式口器害虫

刺吸式口器兼有刺和吸的功能。如蚜虫、红蜘蛛、粉虱、介壳虫、叶蝉、椿象、蜡蝉、木虱等。

刺吸式口器害虫是以其上下颚口针交替刺入花卉的组织内吸吮汁液，导致病理性或生理性伤害。伤害一般不使植株造成残缺、破损，而是使叶片的被害部分形成细小的退绿斑点，有时随着叶片生长而出现各种畸形，如卷叶、虫瘿、瘤等。

如蚜虫个体很小，成群寄生于叶片及新梢上，吸其汁液，并分泌一种毒液，使叶片萎缩，落蕾落花，乃至植株死亡。可人工捕杀或喷洒吡虫啉、啶虫脒、吡蚜酮等，或用烟蒂浸水喷洒。

拓展训练

中耕除草

1. 中耕

作用：疏松表土；促进土壤内空气流通；有利于微生物繁殖和活动，从而促进养分分解。

时期：幼苗期间或移植不久（土面大部分暴露于空气中，很容易干燥，并容易滋生杂草）。

深度：依据根系深浅及生长时期而定，一般深度为 $3\sim5cm$。

2. 除草

作用：保存土壤养分及水分，通风透光，有利于植株的生长发育。

要点：应于杂草发生之初尽早进行（因此时杂草根系较浅，易于去除）；于杂草开花结实前必须清除（否则需多次甚至数年方能清除）；多年生杂草的地下部分必须全部挖出（否则仍可萌发，难以全部清除）。

防治杂草方法：除采用人工铲除等方法外，目前除草剂因其省工、省时而被大量应用。除草剂的种类很多，作用原理各不相同。在生产中使用应谨慎，严格掌握使用方法及用量。如果使用不当，则很容易造成药害。

冬季树干涂白，给树干穿上石灰水打造的白裙后，能把10%的阳光反射回去，如此这般，吸热减少，树干就不会因昼夜温差大而冻裂，同时还有杀菌和防虫的作用，是城市中一道独特的风景线。

配制石灰水可用生石灰10份，水30份，食盐1份，黏着剂（如黏土、油脂等）1份，石硫合剂原液1份，其中生石灰和石硫合剂原液具有杀菌治虫的作用，食盐和黏着剂可以延长作用时间，还可以加入少量有针对性的杀虫剂。

1. 露地花卉主要的有害生物有哪些？
2. 露地花卉有害生物的综合防控方案如何制订？

任务六 | 露地花卉造景应用

【任务情境】

某广场在国庆节期间为渲染节日气氛需用草花设计摆放一节日花坛（图1-22）。花坛的设计应有风格、样式、大小等方面与周围环境相搭配，色彩突出节日主题。

图1-22 节日花坛

【任务分析】

花坛在环境中可作为主景，亦可作为配景。样式与色彩的多样性可供设计者有广泛的选择性。花坛的设计首先应有风格、样式、大小等方面并与周围环境相搭配，而突显花坛本身的特色。

知识链接

一、植物的选择

适合作花坛的花卉应株丛紧密、着花繁茂，理想的植物材料在盛花时应完全覆盖枝叶，要求花期较长，开放一致，至少保持一个季节的观赏期。花坛配置以观花草本为主体，可以是一二年生花卉，也可用多年生球根或宿根花卉。可适当选用少量常绿色叶及观花小灌木作辅助材料。一二年生花卉为花坛的主要材料，其种类繁多，色彩丰富，成本较低。球根花卉也是盛花花坛的优良材料，其色彩艳丽，开花整齐，但成本较高。如郁金香、风信子、欧洲水仙等都是配置高档花坛的首选。

二、色彩设计

花坛表现的主题是花卉群体的色彩美，因此在色彩设计上要精心选择不同花色的花卉巧妙的搭配。一般要求鲜明、艳丽。花坛配色可以选择以下几种。

1. 对比色应用

这种配色较活泼而明快。深色调的对比较强烈，给人兴奋感，浅色调的对比配合效果较理想，对比不那么强烈，柔和而又鲜明。如堇紫色+浅黄色（堇紫色三色堇+黄色三色堇、藿香蓟+黄早菊、荷兰菊+黄早菊+紫鸡冠+黄早菊），橙色+蓝紫色（金盏菊+雏菊、金盏菊+三色堇），绿色+红色（扫帚草+星红鸡冠）等。

2. 暖色调应用

类似色或暖色调花卉搭配，色彩不鲜明时可加白色以调剂，并提高花坛明亮度。这种配色鲜艳，热烈而庄重，在大型花坛中常用。如红+黄或红+白+黄（孔雀草+一串红或一品红、金盏菊或黄三色堇+白雏菊或白色羽衣甘蓝+红色报春）。

3. 同色调应用

适用于小面积花坛及花坛组，起装饰作用，不做主景。如白色建筑前用纯红色的花，或由单纯红色、黄色或紫红色单色花组成的花坛组。

三、图案设计

外部轮廓主要是几何图形的组合。花坛大小要适度。平面过大在视觉上会引起变形。一般观赏轴线以 8 ~ 10m 为度。现代建筑的外形趋于多样化、曲线化，在外形多变的建筑物前设置花坛，可用流线或折线构成外轮，对称、拟对称或自然式均可，以求与环境协调，内部图案要简洁，轮廓明显。忌在有限的面积上设计烦琐的图案，要求有大色块的效果。一个花坛即使用色很少，但图案复杂，则花色分散，不易体现整体块效果。

盛花花坛可以是某一季节观赏，如春季花坛、夏季花坛等，至少保持一个季节内有较好的观赏效果。但设计时可同时提出多季观赏的实施方案，可用同一图案更换花材，也可另设方案，一个季节花坛景观结束后立即更换下季材料，完成花坛季相交替。

花坛设计与种植

一、实训目的

使学生了解花坛的种类，了解花坛中植物的配植，掌握花坛施工的程序，掌握花坛植物栽植的方法。

二、主要仪器与试材

绘图工具、皮尺、绳子、木桩、铁锹、石灰、小铲、锄头、水壶等。

三、实训内容与技术操作规程

节日：十一国庆花坛、元旦花坛设计。
地点：政府广场、公园入口。
节日任选、地点任选，花卉种类自拟，绘鸟瞰平面图。
了解花坛的设计方法，调查了解不同季节所用花坛花卉的种类。
用石灰按照图纸进行放线，标记号栽植植物的位置，进行栽植。

四、注意事项

做出书面报告，绘制平面图，做好花坛的管理工作，观察花坛效果。

露地花卉的应用

1. 花丛

花丛属于自然花卉配置形式（图 1-23），注重表现植物开花时的色彩或者彩叶植物美丽的叶色，是花卉应用最广泛的形式。自然式园林环境，也可点缀于建筑周围，或者广场一角。

花丛无具体轮廓，面积大小不定，选择的花卉适应性强，栽培管理简单，可露地越冬的宿根、球根花卉，既可观花，也可观叶。一二年生和野生花卉也可配置花丛。

图1-23　花丛

2. 花坛

花坛是具有几何形状轮廓的植床内种植各种不同色彩的花卉，运用花卉的群体效果来体现图案纹样及观赏盛花时景观的花卉运用形式（图1-24）。可运用一二年生花卉随季节更换或运用全年具有观赏价值、生长缓慢、耐修剪的多年生花卉或者木本。

花坛的设计形式有花丛式花坛（盛花花坛）、模纹花坛、标题式花坛、立体造型花坛、混合花坛。

图1-24　花坛

3. 花境

花境是模拟野外林缘花卉自然生长形式，以多年生宿根花卉以及矮生花灌木为主自然式的花卉种植形式，表现植物个体所特有的自然美以及它们之间自然组合的群落美（图1-25）。可用于庭园小路、家庭花园、装饰围墙、绿篱、树墙、道路两边、疏林下等。

图 1-25 花境

4. 花海景观

花海是一种开满鲜花的自然景观或园林景观（图 1-26）。花海由很多开花密集的花草或树木构成，人们远远望去，看不到边际，如海洋一般广阔；风吹来时，花浪起伏，也如同大海的波涛翻滚。人工花海最早源于工业加工用花、种子种球生产用花的生产基地，如著名的普罗旺斯的薰衣草园、荷兰郁金香花海、保加利亚玫瑰谷。

5. 立体绿化

立体绿化相对于平地绿化而言，主要是利用攀援性、蔓性及藤本植物对各类建筑及构筑物的立面、篱垣、棚架、柱、树干或者其他设施进行竖向绿化装饰，形成垂直面的绿化、美化方式（图 1-27）。

图 1-26 花海景观

图 1-27 立体绿化

6. 低维护花园

选择适应当地气候、土壤条件以及花园中光照条件的植物种类，尤其是抗逆性包括抗旱、抗寒、抗病虫害能力强的乡土植物，是低维护花园的主要内容，而且还需要尽量选择低矮并且生长缓慢的植物，如粗放管理的灌木，多年生花卉的花丛、花境（图 1-28）。低维护花园的优点是减少了日常的管理工作。

7. 地被

地被植物是指那些株丛密集、低矮，经简单管理即可用于代替草坪覆盖在地表、防止水土流失，能吸附尘土、净化空气、减弱噪声、消除污染并具有一定观赏和经济价值的植物（图1-29）。不仅包括多年生低矮草本植物，还有一些适应性较强的低矮、匍匐型的灌木和藤本植物。

图1-28　低维护花园

图1-29　地被

绿化墙的建造

绿化墙是指充分利用不同的立地条件，选择攀援植物及其他植物栽植并依附或者铺贴于各种构筑物及其他空间结构上的绿化方式。可以起到降低噪声，美化环境，净化空气，提高城市环境质量，增加绿化覆盖率，改善城市生态环境的作用。

有植物遮阴的地方，光照强度仅有阳光直射地方的几十分之一至百分之一。浓密的枝叶像一层厚厚的屏障，可降低太阳的辐射强度，同时也降低温度。特别是城市墙面、路面的反射热甚为强烈，进行墙面的垂直绿化，就可大大减少这方面的影响。凡是有植物覆盖的墙面温度可降低2~7℃，尤其是朝西的墙面，绿化覆盖后降温的效果更为显著。同时，墙面、棚顶绿化覆盖后，空气相对湿度可以提高10%~20%。

绿墙的主要栽植形式有以下几种。

1. 骨架+花盆

通常先紧贴墙面或离开墙面5~10cm搭建平行于墙面的骨架，辅以滴灌或喷灌系统，再将事先绿化好的花盆嵌入骨架空格中。其优点是对地面或山崖植物均可以选用，自动浇灌，更换植物方便，适用于临时植物花卉布景。不足是需在墙外加骨架，厚度大于20cm，增大体量可能影响表观；因为骨架须固定在墙体上，在固定点处容易产生漏水隐患，骨架锈蚀等影响系统整体使用寿命；滴灌容易被堵失灵而导致植物缺水死亡。

2. 模块化墙体绿化

其建造工艺与骨架+花盆防水类同，但改善之处是花盆变成了方块形、菱形等几何模块，这些模块组合更加灵活方便，模块中的植物和植物图案通常须在苗圃中按客户要求预先定制好，经过数月的栽培养护后，再运往现场进行安装。其优点是对地面或山崖植物均可以选用，自动浇灌，运输方便，现场安装时间短，系统寿命较骨架+花盆更长。除了也具有骨架+花盆形式的不足以外，模块化墙体绿化的，价格也相对高。

3. 铺贴式墙体绿化

其无须在墙面加设骨架，通过工厂工业化生产，将平面浇灌系统、墙体种植袋复合在一层 1.5mm 厚高强度防水膜上，形成一个墙面种植平面系统，在现场直接将该系统固定在墙面上，并且固定点采用特殊的防水紧固件处理，防水膜除了承担整个墙面系统的重量外还同时对被覆盖的墙面起到防水的作用，植物可以在苗圃预制，也可以现场种植（图 1-30）。其优点是对地面或山崖植物均可以选用，集自动浇灌，防水、超薄（小于 10cm）、长寿命、易施工于一身；缺点是价格相对较高。

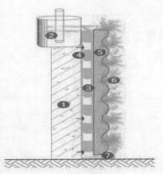

图 1-30 铺贴式绿墙

1—结构基层　2—水/营养液输送系统　3—铺贴式平面浇灌系统　4—铺贴式墙体种植毯
5—配方土和种植袋　6—绿化植物层　7—水槽

小贴士

花卉在城市绿化中的应用是可以对环境具有综合生态意义的景观要素。

吸收二氧化碳，释放氧气；通过蒸腾作用增加空气湿度，降低温度；吸收某些有害气体或释放杀菌素净化空气；减少扬尘，固持土壤，涵养水源，减少水土流失，改善环境质量。不仅其姿、色、香、韵给人以美的享受，还包含着丰富的文化内涵，对人性情的陶冶、品格的升华具有重要的作用。

思考练习

1. 重庆地区常用于垂直绿化的植物有哪些？
2. 表现比较好的花境花卉有哪些特点？举例说明。

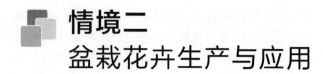

情境二
盆栽花卉生产与应用

【情境描述】

将花卉栽植于花盆的生产栽培方式称花卉盆栽（图2-1），可以称之为容器栽培，包括吊篮、木桶、花钵、微景观玻璃容器等。

图 2-1　盆栽花卉

盆栽花卉体积小，利于搬移，管理方便，观赏形式灵活，在室内造型与室外造景中均可形成理想的观赏效果。本情境学习盆栽花卉的生产特点、盆栽花卉的栽培管理技术，通过本情境的学习要掌握这类花卉的形态特征、生产栽培管理技术以及应用形式。

【知识目标】

1. 掌握常见盆栽花卉的形态特征。
2. 掌握盆栽花卉生产的特点。
3. 掌握盆栽花卉生产的方式。
4. 掌握常见盆栽花卉生产栽培技术。
5. 掌握盆栽花卉的应用形式。

【技能目标】

1. 对常见盆栽花卉能够准确识别。

2. 对常见盆栽花卉能够进行生产管理。

3. 对常见盆栽花卉能够造型造景。

任务一｜花卉扦插育苗

【任务情境】

扦插育苗（图2-2）是指从植物母体上切取茎、根和叶的一部分，在适宜的环境条件下促使成为独立的新植株的育苗方法。只要选取适当的枝条和适当的季节，一盆变多盆一点都不是难事。

图2-2　扦插育苗

【任务分析】

扦插育苗是植物繁殖最常用的方法之一，通过本任务的学习，了解扦插育苗的方式，熟悉掌握插条选择、扦插时期、插条处理、环境控制等技术要点。

知识链接

一、花卉扦插育苗的方式

1. 按插穗材料分

按插穗材料分，可分为枝插、叶芽插、叶插、根插。

（1）枝插　用植物的枝条作为繁殖材料进行扦插的方法称为枝插，这是应用最普遍的一种方法。其中用草本植物的柔嫩部分作为扦插材料的称为草本插；用木本植物还未完全木质化的绿色嫩枝作为材料的，称为嫩枝插或绿枝插；用木本植物已经充分木质化的老枝作为材料的，称为硬枝插或熟枝插；用休眠枝扦插称为休眠枝插；用比较幼小还未伸长的芽作为材料的称为芽插；用枝条的先端部分扦插的称为带梢插；用切除先端部分的枝条扦插的则称为正常插或去梢插，这也是最普遍的扦插法。

（2）叶芽插　用带有叶芽的叶进行扦插，也可看成是介于叶插和枝插之间的带叶单芽插。当材料有限而又希望获得较多的苗木时，可采用这种方法。如印度橡皮树、山茶、大丽花、绿萝等的扦插多用这种方法（图2-3）。对赤松等树种，切除嫩枝顶端部分，促使针叶基部的不定芽活动，形成短枝，然后连同针叶切下进行扦插，即称为叶束插，这也属于叶芽插的一种。

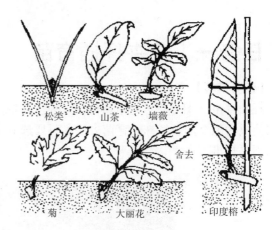

松类　　山茶　　蔷薇

菊　　大丽花　　印度榕

舍去

图2-3　叶芽插

（3）叶插　用叶作为材料进行扦插的方法。此法只能应用于能自叶上发生不定芽及不定根的种类，如虎尾兰、毛叶秋海棠、大岩桐等。凡能进行叶插的植物，大都具有粗壮的叶柄、叶脉或肥厚的叶片。

叶插方法常用的有下列几种：

①平置法：又称全叶插。先将叶柄切去，然后将叶片平铺在沙面上，用竹针等固定，并使其下面与沙面紧贴。如落地生根可自叶缘处发生幼小植株。秋海棠则自叶片基部或叶脉处发生幼小植株。

②直插法：又称叶柄插。将叶柄插入沙中，叶片立于沙面上，则于叶柄基部发生不定芽。大岩柄的叶插，则先在叶柄基部发生小球茎，而后发生根与芽。

③鳞片插：百合鳞片可以剥取进行扦插。百合于7月开花后，搷起鳞茎，干燥数日后，剥下鳞片插于湿沙中，6~8周后在鳞片基部可发生小鳞茎。

④片叶插：又称分切插。此法是将一个叶片分切为数块，分别进行扦插，使每块叶片都形成不定芽。如虎尾兰、大岩桐、椒草等都可用此法繁殖。

（4）根插　有些植物的根上能产生不定芽而形成幼株，如蜡梅、柿子、牡丹、芍药、补血草等具有肥厚根的种类，可采用根插。一般在秋季或早春移栽时进行，方法是挖取植物的根，剪成4~10cm的根段，水平状埋植于基质中，也可使根的一端稍微露出地面呈垂直状埋植。

2. 按扦插季节分

按扦插季节分可分为春插、夏插、秋插和冬插。

（1）春插　在春季进行的扦插。主要用老枝或休眠枝作为材料，成活后在当年内生长期较长，适于各种植物，此法应用较普遍。春插可采用冬季贮藏的穗条。

（2）夏插　在夏季空气较湿润的梅雨季节进行，多用当年生绿枝。夏插特别适合于要求高温的常绿阔叶树种。

（3）秋插　一般在9—10月份进行，这个时期枝条已经充分发育成熟、变硬、生根能力较强，而且具备一定的耐腐能力。但由于在生根以后，冬季即将来临，当年内不可能有较大的生长，只能为第二年的旺盛生长打下基础。多年生草本植物一般适宜秋插。

（4）冬插　一般多在冬季人工加温的条件下进行，如在温室内或塑料温栅内。从晚秋到初春，植物的整个休眠期间都可进行。此期植物的耐腐能力强，但生根所需时间也较长。根据近几年的比较试验发现，北方冬季在塑料大棚内扦插，成活率最高。

3. 按扦插基质分

按扦插基质分可分为土插、沙插、珍珠岩和蛭石插、水藓插、水插及雾插。

（1）土插　用土壤作扦插基质，这是最普遍的方法。随着土壤种类的不同，扦插效果有较大的差异，其中以沙土和沙壤土效果较好。

（2）沙插　用沙作扦插基质。以均匀的细沙效果较好。

（3）珍珠岩和蛭石插　以珍珠岩、蛭石等矿物材料作为扦插基质。此种基质透气、保水性较好，适宜各种植物的扦插，且效果最好。

（4）水藓插　采用保水性强的水藓作扦插材料。适用于柔嫩插穗和其他特殊插穗的扦插。

（5）水插　适用于在水中容易生根的植物，如柳树、月季、夹竹桃、大丽花、龙血树等都可水插繁殖，但要经常换水，保持水质洁净，也可在水底放入沙，使插穗固定。

（6）雾插　将插穗固定在室内或容器中，通过喷雾供给水分或养分。这是一种特殊的扦插方法，其特点是不会出现氧气不足，容易观察生根情况等。

4. 按扦插位置分

按扦插位置分可分为垂直插、斜插、水平插和深层插。

（1）垂直插　将插穗垂直插入基质，又称为立插。这是一种常用的方法，易于插穗的生长和管理。

（2）斜插　将插穗斜插入基质。由于露出地面部分较少，插穗不容易干燥；基部埋入土层较浅，土壤中的温度和空气条件良好，插穗易于生根，但苗木容易歪斜。

（3）水平插　将插穗大致呈水平地埋植（即埋条），如图2-4所示。不带叶的休眠枝可全部埋入土中，也可小头或两端稍露出土面。草木类插穗可用水藓等浅层埋植。采用这种方法容易从新芽的基部附近生根。

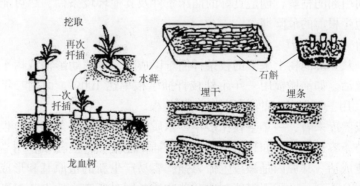

图2-4　水平插

（4）深层插　适用于大型插穗。其做法是：将0.6~1.5m的大插穗，除去下部枝叶，基部双面反切。挖0.6~1m深的沟，插穗在沟内依次排列，在下部切口周围填20cm的新土，踏实，灌水，上面再填表土。

春插填土厚度为沟深的一半，秋插填土至地表。由于下部切口位于新土内，因而不容易腐烂。如珊瑚树、冬青卫矛、无花果等，要在短期内培育大苗，都可深层扦插。

另外还有盆栽插，对于不耐移植或少量材料的扦插也可直接插于花盆中，每盆 1 株，成活后直接栽培，不必移栽。

二、影响花卉扦插生根的主要因素

扦插能否成功，关键在于插穗能否及时生根，以吸收水分和营养。根物的种类不同，亲本的遗传特性不同，其生根能力也不同，而且同亲本的年龄和生长发育状况有很大关系。即使同一亲本，插穗的性状或生理条件以及采条部位、插穗年龄、采条时间、插穗大小、切制方法等情况如果不同，其生根能力也有很大差异。

影响插穗生根的因素很多，从根本上讲当然是遗传特性的差异。但根据一般性状大致还可从以下几个方面来考虑。

1. 生根所必需的物质

生根抑制物质一般指插穗自身含有妨碍生根的物质，如单宁、树脂、有机酸等。这些物质可削弱或阻止植物生长激素的作用，同时这些物质还滞留在切口表面，影响插穗吸水，从而降低了生根能力。用酒精或热水浸泡插穗基部，在一定程度上能增强生根效果。

2. 插穗的干旱与腐烂

插穗因枯萎而严重影响生根，导致扦插失败，而引起枯萎的主要原因就是干旱和腐烂。干旱是由于插穗在运输或切制处理过程中或扦插以后插床干旱，蒸发量大而引起插穗过度缺水，使插穗的生根活动受到严重损害，甚至枯死。因此，要加强插床水分条件管理，减少蒸腾面积或采取遮阴措施，降低蒸腾强度，防止枯萎，以保障生根成活。

腐烂是由于插穗基部切口因感染病原菌而引起的。腐烂后因插穗不能吸水或因丧失代谢能力而枯死。所以要加强切口保护和进行扦插基质消毒，这对防止腐烂，提高扦插成活率非常有效。对易腐烂的插条选择适当的插床材料非常关键，不含或少含有机质的生土可在一定程度上防止腐烂。对易腐烂的肉质植物如仙人掌类的扦插，在扦插前要放在阴凉干燥的地方，等到切口愈合之后再扦插，可取得良好的效果。因此，在扦插中应当注意防止因干旱或腐烂而引起的枯萎，创造良好的插床条件及其他环境条件，尽可能促使插穗提早生根，尽量缩短生根前的危险期。

3. 插穗的年龄及成熟度

比较发现，从熟龄的树上采下的枝条扦插难以成活，选用幼龄树或树干上萌发的徒长枝扦插就容易成活。如油橄榄用一年生幼枝扦插生根率达 100%，而用二年生枝扦插生根率降低到 50%，用三年生以上的老枝扦插不能生根。

从插穗的成熟度来看，一年生枝比多年生木质化程度高的枝条容易生根，当年生的新梢又比一年生枝条容易生根。如碧桃一年生枝扦插不能生植，但在秋季用当年生半木质化的枝条扦插就能成活。其原因是嫩枝生命力强，容易产生新的植原基和形成不定根，这里也和叶干的作用分不开，叶子不仅能制造营养物质，同时所产生的生长素可以促进根原基的形成和不定根的生长。

三、最适合花卉扦插生根的环境条件

1. 温度

不同种类的植物，要求不同的扦插温度。一般生根需要的温度与芽萌发生长所需的温度基本是一致的，所以发芽早的植物生根温度要低些，反之要高些。一般在15℃左右，只要具备生根能力的插穗，或多或少地都可进入生根活动状态。如多数植物的软材扦插宜在20~25℃进行，一般温带花卉要求20℃左右的温度，热带植物适宜在25~30℃以上的温度扦插，许多树种在25℃左右随着温度的升高，生根活动逐渐增加，但腐烂也加剧。

一般土温高于气温3~6℃时，可以促进早生根，避免芽已萌发但未生根，导致插穗水分失去平衡而引起萎蔫。春季气温多高于土温，所以对于难生根的树种，可用电热丝预先埋在地下约15cm深处，形成电温床后再扦插，可促进生根。

2. 湿度

保持合理的土壤湿度及空气湿度，对扦插成活也极为重要。

春季扦插，很多植物是先发芽展叶后才慢慢长出根来。这时土壤中需要有充足的水分，先通过伤口及愈伤组织吸收水分，维持体内代谢。经过一段时间后，叶子中制造的激素和营养反过来能促进根的生长，并不断吸水，才能达到体内水分平衡。所以插床土壤要有较大的湿度，才能保证在生根前叶子不萎蔫，但也不可过湿，否则易引起腐烂。当软材扦插时，更应维持空气中较高的相对湿度，最好能将相对湿度保持在80%左右。

喷雾扦插法就是应用机械设备向空中喷雾，以增加空气的湿度。应用此法，可使一些难生根的植物获得较好的扦插效果。为了保持较高的空气湿度，一般需要避风和遮阴，用透明塑料薄膜覆盖也可防止过度蒸腾，取得保湿的良好效果。

3. 氧气

生根过程是呼吸作用旺盛的过程，氧气是重要的条件之一。因此，要在保证土壤湿度的前提下保证通气良好。扦插基质要求通气良好，又易保持湿润，而且排水良好。一般休眠枝扦插用沙壤土较好，作业方式以垄插为好，水可浇在高垄之间，渗透到插条周围，而不直接往插条上灌水。嫩枝扦插以蛭石、珍珠岩为基质最好，也可用河沙、沙土等，保证通气条件，以利于生根成活。

4. 光照

根的形成和生长不直接需要光照，但地上部分需要在光照下同化营养物质。嫩枝扦插一般都带有叶片，以便在光照下进行光合作用，合成有机物质促进生根，大多数试验证明，插穗中碳水化合物含量越充足，其生根率也越高。但强烈光照易引起插穗失水萎蔫，对扦插成活不利。因此在扦插初期应给予适度遮阴（其目的是防止干旱），如果能够保证插床水分，而且不至于出现插穗的过度蒸腾，一般不需要遮阴，以免影响插穗的碳素同化作用或妨碍插床温度的上升。

技能训练

花卉扦插育苗

一、实训目的

通过进行花卉的扦插育苗操作，掌握扦插育苗技术的工艺流程，了解扦插育苗所必需的工具。

二、主要仪器及试材

菊花、虎尾兰、豆瓣绿等，全光喷雾设施、繁殖床、沙、剪刀或小刀等。

三、实训内容与技术操作规程

（1）选择适合的插穗　用来扦插繁殖的枝条称为插穗，插穗经扦插后会先形成根源体，再由根源体长出新根。插穗宜剪自健康而无病虫害的母株，母株生育愈旺盛，插穗发根愈迅速。通常新生的枝条比老化的枝条容易发根，生长中的枝条比休眠中的枝条容易发根，故剪取插穗应选择已发育一段时间，中熟、饱满、充实，且介于绿色嫩枝与褐色木质化老枝之间的枝条。

（2）插穗下端斜切　剪切插穗应使用锋利的剪定铗或刀片，切口要平滑顺畅，宜一刀而下，干净利落，才能有利发根；若切口受伤，插入土中容易引起腐烂。剪切时以 2~3 节为一段，长度约 10~15cm。为避免上下倒插无法发根，剪切时应注意腋芽及叶痕的位置，亦可将插穗上端平切、下端斜剪，作为识别。

（3）修剪多余叶片　为避免插穗迅速脱水枯萎，插穗下部叶片要完全剪除，上部叶片亦可完全剪除，或保留 3~4 枚叶片，叶片太大时要剪半，花蕾、花苞也应一并剪掉。插穗剪取后愈快扦插，成活率愈高。若不立即扦插，应使用湿润的布、餐巾纸或水苔包覆，或装入塑料袋中，滴入适当水分保湿。但肉质植物类如仙人掌、鸡蛋花、沙漠玫瑰等，因株体含大量汁液，剪取插穗后，反而要待切口完全凝固后再行扦插，以免基部腐烂。

（4）涂抹发根剂　扦插前于插穗切口涂抹发根剂，如爱根生，可有效促进发根，提高扦插成活率。市售发根剂有液剂和粉剂两种，大量插穗常用液剂浸渍处理，少量插穗则以粉剂较为便利。容易扦插繁殖的植物，如曼陀罗、马樱丹、翠芦莉等，即使不涂抹发根剂也能顺利生长。

（5）以工具戳洞　土面整平后，为避免枝条上的芽点与土壤摩擦受伤，及插穗切口的发根剂与土壤触碰散落，应使用与插穗粗细相仿的手指、笔杆、竹签或其他工具在土面戳洞，切忌将插穗直接插入土中。介质材料必须具备排水、通气良好，易于保持湿润等条件，粗砂、蛭石、珍珠石、泥炭苔、细蛇木屑等均非常适合。

（6）注意扦插深度　将插穗插入洞中，用手紧压固定，使插穗基部与介质紧密接触，再浇水湿透即可。扦插深度约为插穗长度的 2/5，过深易造成插穗基部积水腐烂，过浅易造成水分蒸散而快速枯萎。通常扦插草本花卉类约 1~2 周即能发根，观叶植物及木本软枝插约需 3~4 周，一般植物硬木插则需一个月左右才能发根。

（7）扦插后的管理　扦插最理想的温度为 20~25℃，需柔和的光照（40%~60%），扦插后宜放置于荫蔽、明亮、通风的环境。为减少水分迅速蒸散，应绝对避免强烈日光直射，可用纱网、遮光网等加以遮光，但遮光过度无法进行光合作用，纵使发根也很难存活。插穗未发根前需保持很高的空气湿度（70%~80%），应经常喷雾保持湿润；但扦插肉质植物类反而要保持半干燥状态，以免插穗腐烂。冬季低温或寒流期间，应避免傍晚或夜间浇水，以免插穗或土壤滞水隔夜，造成寒害或冻伤。

（8）包覆透明塑料袋保湿　对较不易发根的植物，可采用透明玻璃、塑料布或塑料袋，将插床或培养盆包覆密封，防止水分蒸散，保持空气的高湿度，对提高存活率效果显著。塑料袋约 7~10 天即应拆除，包覆过久易因空气闷湿造成插穗发霉。待插穗萌发新芽，生长正常，并从底部排水孔观察根群发育旺盛后，就应适时移植。

花卉扦插育苗要点

1. 选择插材

作为采条母体的植株，要求具备品种优良，生长健旺，无病虫危害等条件，生长衰老的植株不能选作采条母体。在同一植株上，插材要选择中上部，向阳充实的枝条，且节间较短，芽头饱满，枝叶粗壮。在同一枝条上，硬枝插选用枝条的中下部，因为中下部贮藏的养分较多，而梢部组织常不充实，但树形规则的针叶树，如龙柏、雪松等，则以带顶芽的梢部为好，以后长出的扦插树干通直，形态美观，带踵扦插时剪去过分细嫩的顶部，而菊花等在扦插时，使用的却正是嫩头。

2. 插条处理

扦插应在剪取插条后立即进行，尤其是叶插，以免叶子萎蔫，影响生根。在秋末剪取的月季、木槿、凌霄等插条，由于没有具备立即扦插的温度条件，可以将插条剪好后，绑成捆用湿润沙埋在花盆里，放在室温 0~5℃ 的地方。冬季注意不要使沙子太干，等翌年早春再扦插。对于月季花等花木也可冬季在塑料小棚里进行扦插。仙人掌等肉质植物的插条，剪取后应放在通风处晾一周左右，待剪口处略有干缩时再扦插，否则容易腐烂。四季海棠、夹竹桃等，插条剪取后可先泡在清水中，等泡出根来即可直接栽入盆中。月季、米兰等，可将插条的下口在 B 族维生素针剂中蘸一下，取出 1~2min 后使药液吸进插条后再插入粗沙中，这样处理有促进生根的效果。含水分较多的花卉植株插条，如洋绣球、毛叶秋海棠等，在插条下蘸一些草木灰，可防止扦插后腐烂。

3. 扦插基质

除了水插外，插条均要插入一定基质中，基质的种类很多，有园土、培养土、山黄泥、兰花泥、砻糠灰、蛭石、河沙等。它们对环境要求是：渗水性好，有一定的保水能力，升温容易，保温良好。对于较粗放的花卉，一般插入园土或培养土中，喜酸性土的花卉可插入山黄泥或兰花泥，生根较难的花木则宜插在砻糠灰、蛭石或河沙中。

4. 插后管理

扦插后要加强管理，为插条创造良好的生根条件，一般花卉插条生根要求插壤既湿润又空气流通，可在扦插盆上或畦上盖玻璃板或塑料薄膜制成的罩子，以保持温度和湿度。罩子下面垫上小砖，使空气流入。夏季和初秋，白天应将扦插盆放在遮阴处，晚上放在露天，早春、晚秋和冬季温度不够时，则可放在暖处或温室中，但必须注意温、湿度的调节。以后根据插条生根的快慢，逐步加强光照。

月季扦插育苗技术

1. 扦插时间

在春、秋两季均可进行。春季在 4 月下旬至 5 月底，此时气候温和，枝条活力强，插后一个月即可生根，成活率高。秋季扦插在 8 月下旬至 10 月底进行，此时扦插受昼夜温差大的影响，生根相对较慢，约要 40~50 天才能生根，成活率比春插稍低。

2. 圃地准备

在向阳地段选择土层深厚、结构疏松、通透性能佳、富含腐殖质、排水良好的地块作插床。每亩插床拌入腐熟的农家肥（猪粪、牛屎）200kg、过磷酸钙 25kg 作基肥，再拌入 20~30kg 火土灰或谷糠灰，以利透气。为减少扦插苗发病，插前要对土壤进行消毒：用 50%退菌特可湿性粉剂 500~800 倍液喷洒土壤，再用塑料薄膜覆盖 3~4 天，揭膜后 1 周扦插。

3. 插穗的选择与处理

从优良品种的中幼龄母树上选择粗壮、饱满、生长势强、无病虫害的 1~2 年生春梢或当年生秋梢作插穗。这类枝条生长物质含量高、代谢活力强，不仅易成活，而且成苗品质好、售价高。从外地调运枝条作插穗的，要注意保湿遮阴，以保持枝条活力。插条长约 8~12cm，将其下部的叶片剪去，只留上部 3~5 片叶。把剪好的插穗按 50 根一捆，将其下部 5cm 浸入 100μL/L GGR6 号溶液中 1~2h，可提高扦插成活率。

4. 扦插

尽可能做到随剪枝、随处理、随扦插。扦插时千万不要伤及皮部，一般先用小木棒或用手指在插床上插出一个小洞，再将插穗放入洞内。扦插深度为插条长度的 1/2~2/3，株行距为 10cm×15cm。插后用手将土压实，浇一次透水，使插穗与土壤紧密结合。

5. 插后管理

（1）架拱棚、盖遮阳网 塑料棚可调节土壤和空气的温度和湿度，遮阳网可防止阳光直射，降低温度。遮阳网的透光率以 20%~30%为宜。除在苗床顶上覆盖遮阳网外，还要在苗床的东、西侧挂帘遮光，以减少早晚的阳光照射。月季生根的最佳温度为 20~25℃，温度过高，除覆盖遮阳网外，还可浇水降温和通风降温。

（2）浇水 扦插前期，插穗尚未萌发叶片，供水不宜太多，一般 7~10 天浇一次即可。一个月后，穗条开始生根、抽梢，耗水量逐渐增大，应 3~5 天浇一次。浇水量应依土壤湿度和空气湿度来定，做到土壤干湿适度。扦插后最佳的水分条件是：苗床的田间持水量保持在 80%左右，空气相对湿度 80%~90%。湿度过大，可控制浇水量和加强通风；湿度过小，可增加浇水量和喷水次数。

（3）施肥 插条需肥量不大，在整地时已施了基肥，故在成苗移栽前无须再土壤施肥，但要进行叶面施肥。即在扦插一个月后，每半个月轮流用 0.3%尿素液肥和 0.2%的磷酸二氢钾液肥进行一次叶面施肥，以促进生根。

（4）除草 要及时拔除插床内的杂草，但不要动苗。

（5）炼苗　苗木生根半年后，要适当延长其通风和光照时间，以提高苗木适应外部环境的能力。

（5）炼苗　苗木生根半年后，要适当延长其通风和光照时间，以提高苗木适应外部环境的能力。

常用生根剂：（1）生长素：将生长素配成 2000~4000μL/L 高浓度溶液进行 5s 速蘸，生根效果也很好。（2）米醋水溶剂：选质量较高的米醋，与凉开水按 1∶100 比例配成米醋水溶液，适宜浸泡如葡萄等果木插穗，使用时将插条下部置溶液内浸泡 8~12h 后取出扦插，能显著提高成活率，使扦插苗长得更快更壮。（3）维生素 B_{12} 溶剂：取医用维生素 B_{12} 针剂加凉开水 1 倍稀释，将插条剪口下部置于稀释液中浸泡 5min 再扦插，既可促进根系生长，又可促进组织愈合。（4）柳枝浸出剂：将抽绿展叶的柳枝嫩条，去叶剪成 4~8cm 的短枝，1kg 柳枝用 1.5~2kg 的清水浸泡 10 天左右，即为柳枝生根液。使用时将花卉插穗浸泡其中 5~6h，然后扦插。经此处理后的扦插苗一般 7~10 天即可生根，成活率高且生长健壮。

1. 软材扦插如何保留叶片？为什么？
2. 其他扦插方法还有哪些？举例说明。

任务二 | 花卉的组培快繁

【任务情境】

组培技术自 20 世纪 60 年代开始运用于生产以来，已经在农作物的脱毒、快繁、育种等各个方面取得了令人瞩目的成绩。我国 20 世纪 70 年代以后才开始快繁技术的研究，20 世纪 80 年代以后开始运用。兰花是最早运用也是最成功花卉，通过原球茎的增殖，一个茎尖外植体一年可以繁殖种苗几十万株，形成了当时的"兰花工业"。之后此技术开始运用于月季、香石竹、菊花、唐菖蒲、非洲菊等许多花卉作物的种苗生产（图 2-5）。种苗快繁是组织培养技术在生产中运用最为广泛的一项技术，近几年在花卉种苗工厂化生产中广泛运用，对推动花卉产业的发展起到了积极的促进作用。

图 2-5　红掌组培育苗

【任务分析】

随着组织培养技术的应用推广，组织培养种苗也进入市场，并有着较好的发展前景。通过本任务的学习，掌握花卉组培育苗外植体的选择、无菌操作、培养基配制及灭菌、接种、培养管理等知识。

知识链接

一、花卉组培快繁的原理

1. 植物细胞全能性

植物细胞全能性是指每一个植物细胞带有该植物的全部遗传信息，在适当条件下可以表达出该细胞的所有遗传信息，分化出植物有机体所有不同类型的细胞，形成不同类型的器官甚至胚状体，直至形成完整再生植株。

离体细胞脱离了原来供体的束缚，其生命特征属性的表现过程和形式都发生了变化。如：光合作用能力、胚胎发生、细胞变异等。

2. 脱分化

脱分化也称去分化，是指离体培养条件下生长的细胞、组织或器官经过细胞分裂或不分裂逐渐失去原来的结构和功能而恢复分生状态，形成无组织结构的细胞团或愈伤组织，或成为未分化细胞的过程。脱分化是分化的逆过程。

自然界存在的脱分化现象：叶片的离层形成（秋季落叶）；根或茎中的薄壁细胞形成根原基（不定根形成）；伤口的愈合等。

影响细胞脱分化的因素：损伤、生长调节剂、光照、细胞位置、外植体的生理状态、植物种类差异。

3. 再分化

离体培养的植物细胞和组织可以由脱分化状态重新进行分化，形成另一种或几种类型的细胞、组织、器官，甚至形成完整的植株，这个过程称为再分化。

二、组培育苗生产工艺流程

组培育苗生产工艺流程如图 2-6 所示。

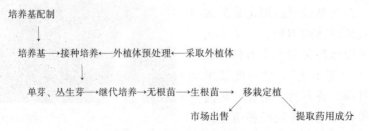

图 2-6　组培育苗生产工艺流程

三、植物快繁的程序

1. 阶段Ⅰ——无菌培养物的建立

阶段Ⅰ包括母株和外植体的选取、无菌培养物的获得、外植体的启动生长。一般需4~6周，长者需1年以上。

2. 阶段Ⅱ——繁殖体增殖

阶段Ⅱ包括培养材料的增殖：4~8周继代一次；增殖培养基：基本培养基与阶段Ⅰ相同，调整生长调节物质浓度；增殖体的大小和切割方法。

3. 阶段Ⅲ——芽苗生根

阶段Ⅲ分为试管内生根和试管外生根

（1）试管内生根（离体生根）：降低无机盐浓度，1/2或1/4。单独用生长素。

（2）试管外生根（活体生根）。10~20天左右生根。

4. 阶段Ⅳ——组培苗的移栽驯化

阶段Ⅳ应注意三控——控湿、控光、控温。控湿可用塑料拱棚，微喷灌；控光用遮阳网；控温采用通风、喷灌降温。

四、基本操作

1. 灭菌

（1）器具的灭菌

①干热灭菌法：铝箔包裹，150℃恒温干燥箱，2h。

②高压蒸汽灭菌法：玻璃、金属器械（密封或用纸张包裹），121℃下保持15~20min，自动降温到50℃以下取出，备用。

（2）培养基的灭菌

①高压蒸汽灭菌法：灭菌时间与需要灭菌的培养基量密切相关。

培养基高压蒸汽灭菌过程：高压锅注水—通电加热—装锅（分装好的培养基）—排出冷空气—关闭放气阀，升温升压—121℃，15~20min—断电，降温降压—开锅，取出培养基，冷却—灭菌好的培养基—接种、培养。

使用高压灭菌锅时注意事项：通电前，检查水位，添加蒸馏水；锅内气压过高（超过152k）会引起部分有机物质的分解；灭菌后在气压表归零之前不要打开锅盖，以免发生危险和培养基外溅现象；橡胶等有机物品会因高温而变形，高温变性的有机药物不能使用高压锅灭菌；防止高压锅的排气气孔堵塞，以免发生爆炸。

②过滤除菌法：用于热不稳定物质，如吲哚乙酸、维生素C等。

2. 无菌操作

无菌操作室要定期熏蒸灭菌，室内消毒的方法有：①甲醛熏蒸，$2mL/m^3$；②石碳酸（酚）3%~5%喷雾；③硫黄$15g/m^3$；④来苏尔（煤酚皂）1%~2%喷雾。

无菌操作室内保持清洁卫生。每次使用之前，用紫外线灯照射20~30min；接种前用75%酒精喷雾使空气中的灰尘沉降，用75%酒精擦洗工作台面。接种前工作人员要更换工作服（衣服、帽子、口罩等），保持清洁；用肥皂洗手，用75%酒精擦洗手。接种使用的器械、器皿等用具，必须经过高温灭菌（电热灭菌器、酒精灯等）。

五、培养基的构成、选择、配制及灭菌

1. 培养基的构成

培养基分为两种：固体培养基和液体培养基。

培养基的主要构成因素：水分、无机盐类、有机营养成分、植物生长调节物质、天然有机添加物质、pH、凝固剂等。

（1）水分　生理功能的基本需要。

（2）无机盐类

①大量元素：一般浓度>0.5mmol/L。

氮（N）：利用的形态以氮硝态氮为主（如 KNO_3 等），也有铵态氮［如 $(NH_4)_2SO_4$ 等］，通常铵>8.0mmol/L 对培养物就有毒害作用。

磷（P）：主要是磷酸盐（如 KH_2PO_4）。

钾（K）：如 K^+，KNO_3。

钙（Ca）、镁（Mg）、硫（S），浓度为 1~3mmol/L 比较合适。主要是 $CaCl_2$，$Ca(NO_3)_2$，$MgSO_4$ 等。此外还有钠、氯等元素。

②微量元素：浓度<0.5mmol/L，一般为 10^{-4}~10^{-2}mmol/L。

铁（Fe）：$Fe_2(SO_4)_3$、$FeCl_3$，和乙二胺四乙酸二钠（Na-EDTA）结合成螯合铁；

铜（Cu）：$CuSO_4$；锌（Zn）：$ZnSO_4$；锰（Mn）：$MnSO_4$；硼（B）：H_3BO_3；钴（Co）：$CoCl_2$；钼（Mo）：Na_2MoO_4；碘（I）：KI。

（3）有机营养成分

①糖类物质：碳源与能源；调节培养基渗透压；蔗糖、葡萄糖、果糖、麦芽糖等；蔗糖用量范围 10~50g/L（渗透压范围 152~415kPa）。

②维生素类：常用浓度为 0.1~10mg/L：抗坏血酸（维生素 C）、盐酸硫胺素（维生素 B_1）、盐酸吡哆素（维生素 B_6）、烟酸（维生素 B_3）、泛酸钙（维生素 B_5）、生物素（维生素 H）、叶酸、肌醇（环己六醇），50~100mg/L。

③氨基酸类：重要的有机氮源：甘氨酸　常用量 2~3mg/L，丝氨酸、谷氨酰胺、酪氨酸、天冬酰胺、水解酪蛋白（CH）常用量 300~2000mg/L，水解乳蛋白（LH）通常用量 300~2000mg/L。

（4）植物生长调节物质

①生长素：使用浓度 10^{-7}~10^{-5}mol/L，如：吲哚乙酸（IAA）、萘乙酸（NAA）、吲哚丁酸（IBA）、2，4-二氯苯氧乙酸（2，4-D）。

功能：愈伤组织形成，生根，不定胚形成，对芽的抑制作用。生理作用的强弱顺序为 2，4-D>萘乙酸>吲哚丁酸>吲哚乙酸。

②细胞分裂素：激动素（呋喃氨基嘌呤、糠基嘌呤、KT）、6-苄基腺嘌呤（6-BA、或 BA）、玉米素（ZT）、2-异戊烯腺嘌呤（2ip）、噻重氮苯基脲（TDZ）、氯吡苯脲（CPPU），作用的强弱顺序大致为 CPPU、TDZ > ZT >2ip > 6-BA> KT。

它们经高温高压灭菌后性能仍稳定。但激动素受光易分解，故应在 4~5℃低温黑暗下保存。

③赤霉素（GA）：经常使用 GA3。

④脱落酸（ABA）。

（5）天然有机添加物质

①椰乳（CM）：椰子的液体胚乳，用量 100~150mg/L。

②香蕉泥：用量 100~200g/L。

③马铃薯：去皮和芽，煮 30min，过滤，加入培养基，用量 150~200g/L。

④酵母提取液（YE）：用量为 0.01%~0.5%。

⑤麦芽提取液：用量为 0.01%~0.5%。

⑥苹果汁、番茄汁、柑橘汁等：用量为 5%~10%。

（6）pH　用 1mol/L 或 0.1mol/L 的 NaOH（或 HCl）调整 pH 为 5.0~6.0。用 pH 仪或精密 pH 试纸测定。

（7）凝固剂

①琼脂：条剂或粉剂，常用量为 7~10g/L。影响琼脂凝固的因素有：用量少或纯度不高，pH 偏低或偏高，灭菌时间过长，灭菌温度过高。

②卡拉胶（又称角叉聚糖）。

③结冷胶：结冷胶一般用量通常只为琼脂用量的 1/2~1/3，0.5g/L 即可形成凝胶（通常用量为 2~25g/L）。透明性好于琼脂。

④琼脂糖。

（8）其他添加物　活性炭、维生素 C、硝酸银、抗生素（青霉素、链霉素、卡那霉素）等，用量一般为 5~20mg/L。

2. 培养基的选择

（1）培养基的基本类型

①高盐成分培养基：常用的有 MS 培养基，其特点是无机盐浓度高，尤其硝酸盐、钾离子、铵离子等含量丰富，元素平衡较好，缓冲性能好，微量元素和有机营养成分齐全丰富，应用最广泛。其他还有 LS、BL、ER 等培养基。

②硝酸钾含量较高的培养基：硝酸钾等盐浓度高，但铵态氮低，包括 B5、N6、SH 等。

③中等无机盐含量的培养基：大量元素为 MS 的 1/2，微量元素种类少而含量高。

④低无机盐培养基：无机盐为 MS 的 1/4 左右。

（2）基本培养基的选择　基本培养基选择的依据为植物种类、材料的类型、培养目的，一般通过实验来确定。

①MS 培养基：适用于生长速度快，对无机营养元素要求多的植物，如蔷薇科等。对铵盐高易引起毒害的植物不适宜。

②B5 培养基：适用于豆科植物、木本植物，铵盐较低。

③N6 培养基：适用于禾本科（如水稻、小麦）以及其他植物的花粉、花药培养。

④改良 White 培养基（1963）：适用于生根和幼胚培养。

⑤WPM 培养基：适用于木本植物培养，氮含量较低。

3. 培养基的配制

见技能训练。

六、生根培养

试管苗的生根培养是使无根苗生根形成完整植株的过程，这个过程的目的是使试管苗生出浓密而粗壮的不定根，以提高试管苗对外界环境的适应力及驯化移栽的成活率，获得更多高质量的商品苗。试管苗的生根一般需转入生根培养基中或直接栽入基质中促进其生根，并进一步长大成苗。

（一）影响试管苗生根的因素

植物离体培养中根的发生都来自不定根，根原基的形成与生长素有关，但根原基的伸长和生长可以在没有外源生长素的条件下实现。影响试管苗生根的因素很多，有植物材料自身的生理生化状态，也有外部的培养条件，如基本培养基、生长调节物质以及外部的环境因素等，要提高试管苗的生根率，就必须考虑以下影响因素。

1. 植物材料

不同植物种、不同的基因型、甚至同一植株的不同部位和不同年龄对根的分化都有决定性的影响。因植物材料的不同，试管苗生根从诱导至开始出现不定根，一般快的只需3~4天，慢的则要3~4周甚至更久。此外，生根难易还与母株所处的生理状态有关，因取材季节和所处环境条件不同而异。不同植物材料生根的一般规律是：木本植物较草本植物难，成年树较幼年树难，乔木较灌木难，同一植物中上部材料较基部材料难，休眠季节取材较开始旺盛生长的季节取材难。但是具体到不同的植物种类也存在个性的差异，一般自然界中营养繁殖容易生根的植物材料在离体繁殖中也较容易生根。

2. 基本培养基

诱导生根的基本培养基，一般需要降低无机盐浓度以利于根的分化，常使用低浓度的MS培养基，如使用1/2MS、1/3MS或1/4MS的基本培养基，如无籽西瓜在1/2MS时生根较好，硬毛猕猴桃在1/3MS时生根较好，月季的茎段在1/4MS时生根较好，水仙的小鳞茎则在1/2MS时才能生根。

矿质元素的种类对生根也有一定的影响。对大多数植物而言，大量元素中NH_4^+多不利于发根；生根培养一般需要磷和钾元素，但不宜太多；Ca^{2+}一般有利于根的形成和生长；微量元素中以硼（B）、铁（Fe）对生根有利。

此外，糖的浓度对试管苗的生根也有一定的影响，一般低浓度的蔗糖对试管苗的生根有利，且有利于试管苗的生活方式由异养到自养转变，提高生根苗的移栽成活率，其使用浓度一般在1%~3%，如桉树的不定枝发根最适宜的蔗糖浓度为0.25%，发根则为1%。但也有些植物在高浓度时生根较好，如淮山药在蔗糖6%时生根状况最好。

3. 植物生长调节剂

（1）植物生长调节剂的选用及配比 在试管苗不定根的形成中，植物生长调节剂起着决定性的作用，一般各种类型的生长素均能促进生根。赤霉素、细胞分裂素和乙烯通常不利于发根，如与生长素配合使用，则浓度一般宜低于生长素浓度。脱落酸（ABA）有助于部分植物试管苗的生根。植物生长延缓剂如多效唑（PP333）、矮壮素（CCC）、比久（B9）对不定根的形成具有良好的作用，在诱导生根中所使用的浓度一般为0.1~4.0mg/L，如苹果试管苗生根时若在培养基中附加PP333 0.5~2.0mg/L可显著提高生根率。据统计，试管苗的生根培养中单一使用一种生长素的情况约占51.5%，使用生长素加激动素的约占20.1%。

　　生根培养中常用的生长素主要为吲哚丁酸（IBA）、萘乙酸（NAA）、吲哚乙酸（IAA）和 2，4-D 等，其中 IBA、NAA 使用最多。IBA 作用强烈，作用时间长，诱导根多而长，NAA 诱导根少而粗，一般认为用 IBA、NAA 0.1~1.0mg/L 有利生根，两者可混合使用，但大多数单用一种人工合成生长素即可获得较好的生根效果，常见植物生根培养基的生长调节剂水平见表 2-1。此外，生根粉（ABT）也可促进不定根的形成，并可与生长素、赤霉素等配合使用，如猕猴桃采用 1mg/L 或 1.5mg/L 的 1 号ABT 生根粉生根率可达 100%，在赤桉组织苗生根中 ABT 与 IBA 配合使用较单独使用效果好。

表 2-1　　　　　　　　　　　常见植物生根培养基的生长调节剂水平

植物名称	生长调节剂种类	生长调节剂浓度
桃	NAA	0.1mg/L
非洲紫罗兰	NAA	0.01~0.2mg/L
变叶木	NAA	0.5mg/L
康乃馨	NAA	0.2mg/L
球根秋海棠	IBA	0.5mg/L
铁皮石斛	IBA	0.1mg/L
羽叶甘蓝	IBA+ NAA	IBA0.5mg/L+NAA 0.1mg/L
大花蕙兰	IAA 或 IBA+NAA	IAA 1.0mg/L 或 IBA 0.8mg/L+NAA 0.1mg/L
君子兰	IBA +NAA	IBA 0.01~1.0mg/L+NAA 0.01~1.0mg/L

　　外植体的类型不同，试管苗不定根的形成所需的植物生长调节剂也不一样。一般愈伤组织分化根时，使用 NAA 最多，浓度在 0.02~6.0mg/L，以 1.0~2.0mg/L 为多；使用 IAA+激动素（KT）的浓度范围分别为 0.1~4.0mg/L 和 0.01~1.0mg/L，而以 1.0~4.0mg/L 和 0.01~0.02mg/L 居多。而胚轴、茎段、插枝、花梗等材料分化生根时，使用 IBA 居首位，浓度为 0.2~10mg/L，以 1.0mg/L 为多。

　　不同植物试管嫩茎诱导生根的合适生长调节剂，需进一步通过试验来确定。若使用浓度过高，容易使茎部形成一块愈伤组织，而后再从愈伤组织上分化出根来，这样茎与根之间的维管束连接不好，既影响养分和水分的输导，移栽时，根又易脱落，且易污染，成活率不高。如苹果生根培养基中 IBA 或 NAA 浓度超过 1.0mg/L，多数苗都是先于苗基切口处产生愈伤组织，随后在愈伤组织上分化生根，这样当生根移出栽植后，苗基的愈伤组织很快干死，使苗与根间形成一个隔层，成活率大大降低。

　　总之，试管苗的生根培养多数使用生长素，大都以 IBA、NAA、IAA 单独使用或配合使用，或与低浓度细胞分裂素配合使用，NAA 与细胞分裂素配合时一般摩尔比在（20~30）：1 为好。对于已经分化根原基的试管苗，则可在没有外源生长素的条件下实现根的伸长和生长。

　　（2）植物生长调节剂的使用方法　植物生长调节剂常用的使用方法是将植物生长调节剂预先加入到培养基中，然后再接种材料诱导其生根，即一步生根法。最常用的方法是采用固体琼脂培养基进行生根培养，以利于植株的固定和生根。对于在固体培养基中较难生根的植物类型，则可采用液体培养基，并在液体培养基上加一滤纸桥进行生根培养，以解决试管苗固定和缺氧的问题。

近年来，人们为了促进试管苗的生根，在植物生长调节剂的使用方法进行了创新，将需生根的植物材料先在一定浓度的植物生长调节剂（无菌）中浸泡或培养一定时间，然后转入无植物生长调节剂的培养基中进行培养，即两步生根法，可显著提高生根率，常见植物两步生根法的处理方法及其生根率见表 2-2。

表 2-2 常见植物的两步生根法

植物名称	诱导生根的处理方法	生根率
核桃	1/4DKW+IBA 5.0~10.0mg/L（暗培养 10~15d）	60.5%~89.7%
牡丹	IBA 50~100mg/L（浸泡 2~3h）	90%以上
板栗	IBA 1.0mg/mL（浸泡 2min）	90%
猕猴桃	IBA 50mg/L（浸泡 3~3.5h）	93.3%

4. 其他物质

一般认为黑暗条件对根的生长有利，因此在生根培养基中加入适量的活性炭对许多植物的生根均有利，如草莓、非洲菊、水稻等的生根培养中加入活性炭可进行根系生长粗壮、白嫩，且生根数量多。

另外，在一些难生根的植物生根培养基中加入间苯三酚、脯氨酸（100mg/L）和核黄素（1mg/L）等也有利于试管苗的生根，如苹果新梢的生根。

5. 继代培养

试管嫩茎（芽苗）继代培养的代数也影响其生根能力，一般随着继代代数的增加，生根能力有所提高。如苹果试管嫩茎继代培养的次数越多则生根率越高，长富士苹果在前 6 代之内生根率低于 30%，生根苗的平均根数不足 2 条，而 10 代时生根率达 80%，12 代以后则生根率稳定在 95%以上，生根条数平均可达 7 条左右；新红星苹果虽然生根困难，但继代培养 12 代以后，其生根率可达 60%左右。其他植物如杜鹃、杨树、葡萄等经过若干次继代培养也能提高生根率，而且从试管苗长成的植株上切取插条要比在一般植株上切取的更易生根。

6. 光照

光照强度和光照时数对发根的影响十分复杂，结果不一。一般认为发根不需要光，如毛樱桃新梢适当暗培养可使生根率增加 20%，生根比较困难的苹果暗培养可提高其生根率，杜鹃试管嫩茎低光强度处理也可促进其生根。但草莓生根培养中根系的生长发育则以较强的光照为好。一般认为在减少培养基中蔗糖浓度的同时，需要增加光照强度（如增至 3000~10000lx），以刺激小植株光合作用的能力，便于由异养型过渡到自养型，使植株变得坚韧，从而对干燥和病害有较强的忍耐力。虽然在高光强下植株生长迟缓并轻微退绿，但当移入土中之后，这样的植株比在低光强下形成的又高又绿的植株容易成活。

7. pH

试管苗的生根要求一定的 pH 范围，不同植物对 pH 要求不同，一般为 5.0~6.0，如杜鹃试管嫩茎的生根与生长在 pH 为 5.0 时效果最好，胡萝卜幼苗切后侧根的形成在 pH 为 3.8 时效果最好，水稻离体种子的根生长在 pH 为 5.8 效果最好。

8. 温度

试管苗在试管内生根，或在试管外生根，都要求一定的适宜温度，一般为 16～25℃，过高过低均不利于生根。植物生根培养的温度一般要比增殖芽温度略低一些，但不同植物生根所需的最适温度不同。如草莓继代培养芽再生的适宜温度为 32℃，生根温度则以 28℃最好；河北杨试管苗白天温度为 22～25℃、夜间温度为 17℃时生根速度最快，且生根率也高，可达到 100%。

（二）试管苗的试管内生根技术

在培养材料增殖到一定数量后，就要将成丛的苗分离生根，让苗长高长壮以便于移栽。

1. 试管苗生根的难易

在生根培养基上，多数植物生根比较容易，如菊花、百合、香石竹、洒金柳等，一般只需一次培养。多采用 1/2 或 1/4 的 MS 基本培养基，全部去掉或仅用很低的细胞分裂素，并加入适量的生长素（NAA、IBA 等）进行生根培养，一般 2～4 天即可见根，但随植物种类不同而异，当洁白的正常短根长到 1cm 左右时即可出瓶种植。

少数植物生根比较困难，这主要由植物自身的遗传特性所决定，如木本植物较草本植物生根困难，少数由培养基不适所引起，尤其是增殖阶段细胞分裂素用量过高时，易引起生根困难。若在小苗时残留的细胞分裂数量较多，在生根培养基上仍不能停止增殖，试管苗多而小，也影响其生根。这就需要采取一定的措施进行处理以促进试管苗的生根，如滤纸桥培养、分次培养等。

2. 促进试管苗生根的技术

试管苗的试管内生根中，一般需把大约 1cm 长的小枝条逐个剪下，然后进行生根诱导。诱导试管苗生根的方法主要为：

（1）将新梢基部浸入 50mg/L 或 100mg/L IBA 溶液中处理 4～8h，诱导根原基的形成，再转移至无植物生长调节剂的培养基上促进幼根的生长；

（2）在含有生长素的培养基中培养 4～6 天，待根原基或幼根形成后，再转移至无植物生长调节剂的培养基上进行生根培养；

（3）直接移入含有生长素的生根培养基中进行生根培养。

上述三种方法均能诱导新梢生根，但前两种方法对新生根的生长发育则更为有利。而第三种对幼根的生长有抑制作用，其原因是当根原基形成后，较高浓度生长素的继续存在不利于幼根的生长发育，但这种方法比较简单可行，在生产中最常用。

技能训练

一、 MS 培养基母液的配制、培养基制备及灭菌

（一）实训目的

通过本实训，学会配制大量元素、微量元素、铁盐、维生素、生长调节剂等培养基母液。通过 MS 固体培养基的配制，掌握配制培养基的基本技能。通过对培养基和培养用具

的灭菌，掌握高压蒸汽灭菌和干热灭菌的一般操作技术。

（二）主要仪器及试材

移液管、电炉、pH 试纸、培养瓶、标签、铅笔、量筒、烧杯、容量瓶、广口瓶、玻棒、电子天平、托盘天平、棉花、报纸等用具。

硝酸铵、硝酸钾、EDTA、硫酸亚铁、甘氨酸、盐酸硫胺素、盐酸吡哆醇、IAA、BA 等药品，琼脂、蔗糖、蒸馏水、0.1mol/L 的 NaOH、0.1mol/L 的 HCl、95%酒精。

（三）实训内容与技术操作规程

1. 培养基母液的配制

母液是欲配制培养基的浓缩液，一般配成比所需浓度高 10 或 100 倍的溶液。

优点：保证各物质成分的准确性；便于配制时快速移取；便于低温保藏。

（1）步骤

①测定各类母液保存容器容量，记录。

②根据记录设计各种母液所配浓度倍数和制培养基时取用量。

③计算各种药品所需用量。

④称量药品。大量元素等大于 0.1g 用托盘天平称量，微量元素等小于 0.1g 用电子天平称量。

⑤溶解。

⑥定容。

⑦写上标签。

⑧装瓶。将配制好的母液分别装入试剂瓶中，贴好标签，注明各培养基母液的名称、浓缩倍数、日期。注意将易分解、氧化的溶液，放入棕色瓶中保存。

⑨冰箱保存。

（2）母液配方

①MS 大量元素母液（10×）。称 10L 量溶解在 1L 蒸馏水中。配 1L 培养基取母液 100mL。

化学药品	1L	10L 量
NH_4NO_3	1650mg/L	16.5g
KNO_3	1900mg/L	19.0g
$CaCl_2 \cdot 2H_2O$	440mg/L	4.4g
$MgSO_4 \cdot 7H_2O$	370mg/L	3.7g
KH_2PO_4	170mg/L	1.7g

②MS 微量元素母液（100×）。称 10L 量溶解在 100mL 蒸馏水中。配 1L 培养基取母液 10mL。

化学药品	1L 量	10L 量
$MnSO_4 \cdot 4H_2O$	22.3mg/L	223mg
（$MnSO_4 \cdot H_2O$）	（21.4mg/L）	

续表

化学药品	1L 量	10L 量
$ZnSO_4 \cdot 7H_2O$	8.6mg/L	86mg
$CoCl_2 \cdot 6H_2O$	0.025mg/L	0.25mg
$CuSO_4 \cdot 5H_2O$	0.025mg/L	0.25mg
$Na_2MoO_4 \cdot 2H_2O$	0.25mg/L	2.5mg
KI	0.83mg/L	8.3mg
H_3BO_3	6.2mg/L	62mg

注：$CoCl_2 \cdot 6H_2O$ 和 $CuSO_4 \cdot 5H_2O$ 可按 10 倍量，即 0.25 mg×10 = 2.5mg（100 倍量 25mg）称取后，定容于 100mL 水中，每次取 1mL（0.1mL，即含 0.25mg 的量）加入到母液中。

③MS 铁盐母液（100×）。称 10L 量溶解在 100mL 蒸馏水中。配 1L 培养基取母液 10mL。

化学药品	1L 量	10L 量
$Na_2 \cdot EDTA$	37.3mg/L	373mg
$FeSO_4 \cdot 7H_2O$	27.8mg/L	278mg

注意配制时，应将两种成分分别溶解在少量蒸馏水中，其中 EDTA 盐较难完全溶解，可适当加热，并将 pH 调至 5.5。混合时，先取一种置容量瓶（烧杯）中，然后将另一种成分逐加逐剧烈振荡，至产生深黄色溶液，最后定容，保存在棕色试剂瓶中。

④MS 有机物母液（100×）。称 10L 量溶解在 100mL 蒸馏水中。配 1L 培养基取母液 10mL。

化学药品	1L 量	10L 量
烟酸	0.5mg/L	5mg
盐酸吡哆素（维生素 B_6）	0.5mg/L	5mg
盐酸硫胺素（维生素 B_1）	10mg/L	100mg
肌醇	100mg/L	1g
甘氨酸	2mg/L	20mg

⑤生长调节剂。单独配制，浓度为 1～5mg/mL（书中为 0.5～1mg/mL），一般配成 4mg/mL。溶解生长素时，可用少量 0.5～1mol/L 的 NaOH（6-BA）或 1mL 95%酒精（2,4-D 和 NAA）溶解，溶解分裂素类用 0.5～1mol/L 的 HCl 加热溶解。

（3）配制培养基母液时注意事项

①某些离子易发生沉淀，可先用少量蒸馏水溶解，在按配方顺序依次混合；

②配制母液时必须用蒸馏水或重蒸馏水；

③药品应用化学纯或分析纯。

2. 培养基的制备

（1）步骤

①本次实训要求制作培养基数量1L。

培养基成分	用量
10×大量元素母液	100mL
100×微量元素母液	10mL
1000×CoCl$_2$·6H$_2$O 母液	1mL
1000×CuSO$_4$·5H$_2$O 母液	1mL
100×铁盐母液	10mL
100×有机物母液	10mL
蔗糖	30g
琼脂	10g

②根据制作要求计算培养基各种母液的用量。

③按下列母液的顺序，用量筒或移液管提取母液，放入有一定蒸馏水的烧杯中。

④加入固化剂。称量7g琼脂，溶解，在电炉上不断加温溶液，并不断搅拌，使琼脂熔化。

⑤放入30g已称量蔗糖，稍加搅拌。

⑥加入生长调节物质，激素类型和用量视培养物不同而不同。

⑦定容至所需升数。

⑧迅速用pH试纸测试pH，应该在5.8~6.0，如过高，则滴加0.1mol/L的HCl调整，过低滴加0.1mol/L的NaOH调整。

⑨趁热将配制好的培养基分注到培养瓶中，每瓶装入20~35mL的培养基。分注后立即加盖，贴上标签，注明培养基的名称和配制时间。

3. 灭菌

（1）包扎：用牛皮纸、纱布把玻璃器皿和金属器械包扎好。

（2）装水：先在高压灭菌锅内装入一定量的水，需淹没电热丝。

（3）灭菌：将装好培养基的培养皿、包扎好的玻璃器皿和金属器械、放入高压灭菌锅。压力升至49kPa时，打开排气阀排冷气，关闭排气阀继续加压至108kPa，锅内温度为10~12℃时，保持15~20min，关断电源，自然冷却。

（4）贮藏：将培养基、器械取出置于30℃下备用。

二、茎段初代培养

（一）实训目的

了解茎段培养的方法和步骤。熟练掌握外植体的取材、消毒、接种、初代培养等操作过程。熟练茎段的初代培养过程及无菌操作规程。

（二）主要仪器和试材

超净工作台、高压灭菌锅、电磁炉、无菌培养皿、酒精灯、接种工具、无菌瓶、烧杯

（500mL）、玻璃棒、火柴、记号笔、纱布、70%酒精、75%酒精、茎段、母液、培养瓶、移液管、95%酒精、0.1%氯化汞。

（三）实训内容与技术操作规程

1. 培养基配制

常用初代培养基采用 MS+BA 0.3~1.0 mg/L；在初代培养培养前配制相应的固体培养基，并进行灭菌，备用。

2. 外植体选择与处理

接种前，取生长健壮、无病虫害的植株，剪取茎段，带回实验室，用剪刀剪取去叶片和叶柄，用自来水冲洗，剪成带节小段。

3. 外植体灭菌与接种

接种前 20min，打开接种室的紫外灯、超净台的风机和紫外灯。照射 20min 后，关闭紫外灯。在准备室用肥皂水清洗双手，穿好经灭菌的实验服、并戴好口罩，进入接种室打开超净台的照明灯。用 70%酒精擦拭双手和超净工作台台面，并把灭菌的培养基用 70%酒精擦拭后放入超净工作台。

取出接种工具浸泡在盛有 95%酒精的罐头瓶内，成套培养皿放在超净台面上。然后点燃酒精灯，按培养皿、接种工具的先后顺序在火焰上分别灭菌，并将接种工具摆放在培养皿或器械架上。

将剪好的小段装入烧杯中，将接种材料预先放入烧杯，在超净工作台上，用 75%酒精处理 30s，0.1%氯化汞 8~10min，浸泡时可进行摇动，使植物材料和灭菌剂有良好的接触，然后用无菌水漂洗 3~5 次。取下镊子、剪刀在火焰上灭菌，然后一手拿镊子，一手拿剪刀，将消毒好的茎段去除两端被消毒剂杀伤的部位剪掉，再剪成一段一芽的小茎段。然后左手握住培养瓶，用火焰烧瓶口和封口材料，用右手的拇指和小指打开瓶盖，当打开培养瓶时，瓶口朝向酒精灯火焰，并拿成斜角，以免灰尘落入瓶中造成污染。用镊子将茎段接种到 MS+BA 0.3~1.0mg/L 培养基中，盖上瓶盖。操作期间经常用 70%酒精擦拭双手和台面，接种工具要反复在 95%的酒精中浸泡和在火焰上灭菌，避免交叉污染。

4. 初代培养

接种后培养瓶置于 22~24℃，光强 1500~2000lx，光照时间 12h/天的培养室内培养。2~3 周后，从叶腋处长出 1cm 左右长的腋芽，在无菌条件下将无菌瓶苗剪成一段一芽，进行继代培养。

5. 观察记录

培养过程中跟踪观察，统计各项技术指标，及时分析并有效解决存在的问题，发现污染瓶及时清洗。

（四）注意事项

（1）外植体要求无病、健壮植株。

（2）灭菌后接种前茎段两端要剪掉。

（3）严守无菌操作规程。

（4）外植体的大小。

三、继代培养

（一）实训目的
通过在超净工作台上进行无菌操作训练掌握组织培养的继代操作技术。

（二）主要仪器及试材
（1）仪器用具 超净工作台、70%的乙醇、95%的乙醇、盛有培养基的培养瓶、接种器械（主要指剪刀、镊子等）、酒精灯、培养材料、无菌纸。

（2）材料 试管苗或愈伤组织。

（三）实训内容与技术操作规程
（1）准备继代培养的培养基，用于诱导试管苗的增殖。

（2）将接种用具、酒精灯、烧杯、无菌培养皿、培养基等置于超净工作台的接种台面；打开超净台的电源开关，打开鼓风开关（调节送风量），并打开紫外灯消毒 20min，之后关掉紫外灯，继续送风 20min，打开荧光灯开关，准备接种。

（3）无菌操作前，将双手用 70%乙醇棉球擦拭消毒，剪刀、镊子等金属工具在用酒精灯外焰灼烧灭菌，后置于支架上冷却备用。

（4）无菌纸置于超净工作台，打开包纸，用镊子将无菌滤纸取出，置于操作人员的正前方。

（5）在酒精灯火焰处打开外植体材料瓶，将植物材料用灭过菌的镊子取出置于无滤菌纸上。

（6）一手持镊子，一手持剪刀，将植物材料按照要求切割。切割时，需将变褐的部位、根切下弃去。根据其增殖方式，将小苗切成单株，或小苗丛，或小段（每段均有芽）接种于继代培养基中，与初代培养不同的是，继代培养时，每瓶中的接种材料可适当多接，而且材料要均匀分布。

（7）在标签上写上植物编号（即原培养瓶上的编号，若没有编号可不写）、日期、班级、学号，放于培养箱中进行培养。

（8）接种结束后，关闭和清理超净工作台，并清洗用过的玻璃器皿等。

四、生根培养

（一）实训目的
通过进行花卉的生根培养操作，熟练无菌操作，了解扦插育苗所必需的工具。

（二）主要仪器及试材
（1）设备与用具 超净工作台、70%的乙醇、95%的乙醇、盛有培养基的培养瓶、接种器械（主要指解剖刀、镊子等）、乙醇灯、无菌纸。

（2）材料 试管苗。

（三）实训内容与技术操作规程
（1）准备生根培养基，培养基为 1/2MS+NAA 0.05mg/L+蔗糖 3%+琼脂 0.7%，pH 5.8。生根培养所使用的培养容器也依材料而定，一般宜选择较大的容器，而且瓶口宜大，易于将试管苗从瓶中取出。

（2）将接种需用的消毒剂、接种用具、乙醇灯、烧杯、无菌水、无菌培养皿、培养基等置于超净工作台的接种台面；打开超净台的电源开关，打开鼓风开关（调节送风量），并打开紫外灯消毒 20min，之后关掉紫外灯，继续送风 5~10min，打开荧光灯开关，准备接种。

（3）用水和肥皂洗净双手，穿戴上灭菌过的专用实验服、帽子与鞋子，进入无菌操作室。

（4）无菌操作前，将双手用乙醇棉球擦拭消毒，并用乙醇棉球擦拭超净工作台的台面。解剖刀、剪刀、镊子等金属工具用乙醇棉球擦拭后，浸蘸 95% 乙醇，用乙醇灯外焰灼烧灭菌，后置于支架上冷却备用。

（5）培养基瓶用乙醇棉球擦拭，置于超净工作台，码放在左侧（或右侧）。

（6）无菌纸置于超净工作台，打开包纸，用镊子将无菌纸取出，置于操作人员的正前方。

（7）在乙醇灯火焰处打开外植体材料瓶，将植物材料用无菌的镊子取出置于无菌纸上。

（8）一手持镊子，一手持解剖刀，将植物材料按照要求切割。切割时，应尽可能使单株上的茎、叶保持完整，切去原来的变褐根，仅留色白、幼嫩的根。依照形态学上端向上，形态学下端向下的原则，将材料接种于生根培养基中，每瓶可适当多接材料，分布要均匀。同时宜将大小较一致的材料接种于一瓶中，以便移栽时，每瓶中材料大小一致。

（9）将接好的培养瓶暂时放在超净工作台上，材料接完后一起取出培养瓶。在标签上写上植物编号（即原培养瓶上的编号，若没有编号可不写）、日期、班级、学号，贴在培养瓶上。

（10）观察记录及结果统计。注意检查培养瓶，发生污染要及时清除。定期观察幼苗生长及生根情况，并将结果记录在表 2-3 中。

表 2-3 生根培养观察记录表

生根培养材料名称：

培养瓶编号及配方：

接种时间：

接种情况：

调查情况	株高/cm	根长/cm	根数	生长情况	备注
第 7 天					
第 10 天					
第 15 天					

五、试管苗的驯化和移栽

（一）实训目的

通过进行花卉的驯化、移栽操作，熟练移栽技术流程，了解驯化移栽所必需的工具。

（二）主要仪器及试材

（1）设备与用具　70%的乙醇、镊子、多菌灵、穴盘、基质、沙床、手持小型喷雾器等。

（2）材料　试管生根苗。

（三）实训内容与技术操作规程

（1）将需要移栽的试管苗瓶盖打开，注入少量自来水，置于驯化室内炼苗3~5d。

（2）泥炭使用前，需进行灭菌，灭菌温度为60℃，30min。然后把泥炭和珍珠岩按照1∶1（或其他基质）的比例进行配制，测量其pH，若pH较低，添加$CaCO_3$调节pH至5~6。

（3）将基质填入穴盘，轻摇，用玻璃棒在每个穴孔中打一小孔。

（4）将试管苗由培养瓶中取出，用清水洗掉苗上黏附的培养基。将试管苗一个一个分开，在玻璃板上用解剖刀将苗上的变褐部位切掉，栽入穴盘中，轻压培养基质，使苗根与基质紧密接触。

（5）用手持小型喷雾器，对移栽的试管苗喷施一些低毒杀菌剂。

（6）将栽有试管苗的穴盘移入炼苗架上，盖上塑料薄膜进行炼苗。

（7）移栽后的5~7天，每天对移栽的小苗进行少量喷雾，以保持足够的湿度。然后逐渐降低湿度，可以采取每天将塑料薄膜揭开一小缝隙增加透风，降低湿度。

（8）待苗移栽3周后，选择移栽成活的小苗移入营养钵内，置于一盆内，盆内加水，使水由营养钵底渗入。

（9）观察记录及结果统计。定期观察幼苗生长情况，并将结果记录在表2-4中。30天后统计移栽成活率。

$$移栽成活率（\%）=移栽成活苗数/移栽苗数×100\%$$

表2-4　　　　　　　　试管苗移栽后管理及生长情况观察记录表

材料名称：

移栽时间：

移栽方法：

驯化情况及移栽时处理措施：

调查时间	植物生长情况	管理措施
第　天		
第　天		
第　天		

高级技术

试管苗移栽技术

试管苗是在无菌、恒温、适宜光照和相对湿度近100%的优越环境条件下形成的，并一直培养在富有营养成分与植物生长调节剂的培养基内，因此在生理、形态等方面都与自然条件生长的正常小苗有着很大的差异，存在一定的脆弱性，在移栽过程中很容易死亡，造成极大的经济损失。首先，从叶片上看，试管苗叶片表面的角质层不发达或没有，叶片通常没有表皮毛，或仅有较少的表皮毛，叶片上甚至出现了大量的水孔，且气孔的数量、大小也往往超过普通苗。由此可知，试管苗更适合于在高湿的环境中生长，当将它们移栽到试管外正常的环境中时，试管苗失水率很高，非常容易死亡。因此，为了要改善试管苗的上述不良生理、形态特点，则必须要经过与外界相适应的驯化处理，常采取的措施为：对外界要增加湿度、减弱光照；对试管内要通透气体、增施二氧化碳肥料、逐步降低空气湿度等。

此外，当试管苗移出培养容器后，首先遇到的是环境条件的急剧变化，同时，试管苗也需由异养转为自养。因此，在移栽过程中必须创造一定的环境条件，使试管苗逐渐过渡，以利于根系的发育及植株的成活。另外，因为试管苗在无菌的环境中生长形成，对外界细菌、真菌的抵御能力极差，为了提高其成活率，需对栽培驯化基质进行灭菌，在培养基质中可掺入75%的百菌清可湿性粉剂200~500倍液进行灭菌处理。

拓展训练

石斛兰组织培养及快繁技术

石斛兰是近几年在我国插花市场上流行的花卉，种类繁多，花形花姿优美，色彩艳丽，花期较长，具有较高的观赏价值。由于其分株能力弱，繁殖系数低，繁殖速度慢，远远不能满足商品化生产的要求。因此，组织培养和快繁技术是石斛商品化生产中重要的一个环节。

石斛属于兰科植物，通过不同的途径都可以形成完整的组培苗，以实现石斛的快速繁殖。野生石斛的茎尖、茎段、叶片、种胚、鳞叶期原球茎、幼根以及根段等均可作为外植体，在适当条件和适当培养基中，就可诱导产生全能性的再生小植株。但以嫩枝的茎尖、腋芽或茎节、花梗诱导成功的可能性较大，而正在生长的芽是最理想的外植体。休眠芽也可用作外植体，但由于体积比较小，剥离较困难，生长也较慢。

一、无菌播种

石斛兰的种子极为细小，胚胎发育不完全，所谓的胚实际上就是一团未分化的胚细胞，且无胚乳组织，在自然状态下发芽率极低，只有与兰菌共生才能少量发芽，成苗更难，因此不能像其他植物一样在大田或苗床上播种，只有在无菌的补充营养的人工培养基上，促进其萌发成苗。

（1）种子的采收与播种　应用于无菌播种的石斛兰的种子的果实以刚成熟但尚未开裂时效果较好。未成熟时能发芽，但发芽率略低；果实成熟开裂后，种子难以收集与消毒，且种子发芽力降低。

（2）培养基的选择　石斛兰的播种培养基多种多样，不同的品种的最适培养基不同，比较常用的基本培养基有 MS、改良 MS、Nistch、N6、RE 等。

（3）培养基的消毒　由于培养基内有丰富营养物质，极适合细菌和真菌的繁殖，造成污染，影响组培的成功，因此培养基消毒是必不可少的一个环节。消毒的方法一般有高温高压消毒和过滤消毒两种方法。

二、组织培养

（1）外植体的采集与灭菌　采用花梗为外植体时，由于花梗较光滑，消毒相对容易，污染率较低。采用花芽作外植体时，在花梗再长出、花朵未长成时效果最好。

（2）培养基的选择和培养　以石斛的播种培养为基本培养基再加入适量激素进行茎尖、节、花梗的组织培养均有成功的报道。

（3）试管苗的移植　一般来说，当石斛兰试管苗长出 3~4 片叶，与 3~4 条根，高约5~10cm 后，才可移植于温室，由于在移栽过程中，要适应从无菌状态进入有菌自然状态，从光、温、湿稳定环境中进入不稳定的自然环境，从异养过渡到自养的过程。因此，必须要有一个好的栽培环境，才能保证它们的成活率。

紫外线消毒用于空气、操作台表面和一些不能使用其他方法进行消毒的培养器皿（如塑料培养皿、培养板等）的灭菌，方便，效果好，是目前各实验室常用的消毒法。缺点是：①产生臭氧，污染空气，对身体有害；②射线照射不到的部位起不到消毒作用，故消毒时，物品不宜相互遮挡。

1. 简述影响试管苗生根的因素。
2. 简述促进试管苗在试管内生根的技术。

任务三 ｜ 盆栽花卉的栽培管理

【任务情境】

某酒店需要订购大量盆栽花卉作为景观植物来装饰点缀酒店环境（图 2-7），盆栽花卉需要有观花类、观叶类及木本类，且要求盆栽品质高。

【任务分析】

盆栽生产对光照、温度、基质要求大多比较高，所以盆栽栽培以保护地栽培为主，栽培基质为无土栽培，精细的管理和集约化专业化的生产是盆栽生产管理的主要发展方向。

图2-7 盆栽花卉

一、盆栽蝴蝶兰的栽培

蝴蝶兰（图2-8）是世界上栽培最广泛、最普及的洋兰品种之一，素有"洋兰皇后"之美称。原生种有70多种，杂交种更是数不胜数，其花大，开花期长达2~3个月，花朵色彩和花纹的变化层出不穷，有白花系、红花系、粉红系、黄花系、网纹系、虎斑系、点纹系等品种系列。

图2-8 蝴蝶兰

1. 蝴蝶兰的组培快繁育苗

蝴蝶兰单株性比较强，在栽培过程中很少会产生分株。目前国际上常用的繁殖方法是组织培养无性繁殖法。利用蝴蝶兰花梗侧芽、叶片、茎尖等外植体，经消毒处理后接种到 Kyoto 或 MS+BA 3mg/L 的培养基上，可诱导出营养芽或原球茎。将原球茎置于 MS+BA 1mg/L 的培养基中，可进行大量增殖。当原球茎繁殖至一定数量后，置于 Kyoto 培养基中进行分化培养，这样就可培养出大量的植株。通过克隆繁殖的蝴蝶兰苗生长、开花比较整齐一致，可完全保存母株的花色性状。

2. 营养生长

蝴蝶兰喜高温、高湿度、通风透气的环境；不耐涝，耐半阴环境，忌烈日直射，忌积水，畏寒冷，生长适温为22~28℃，越冬温度不低于15℃。所需基质为排水良好的水草、苔藓、树皮。

3. 低温催花

蝴蝶兰在18℃低温处理4~8周完成花芽分化。后转入20℃培养，3个月后开花。花期长两个月。

二、盆栽杜鹃的栽培

杜鹃（图2-9）又名映山红、羊踯躅、山鹃，杜鹃科杜鹃属，多年生常绿木本。种类很多，形态悬殊，色彩丰富热烈。

图2-9 杜鹃

杜鹃的繁殖方法主要为扦插。由于采条容易，操作简便，成活率高，又能保持母本优良性状。一般温室大棚随时进行，露地5、6月或者9月。

（1）插穗选择 老嫩适中，硬实，有弹性，半木质化枝条。树冠外围顶生枝条理想。

（2）基质 选用酸性保湿透气基质，如河沙、珍珠岩、腐叶土等。

（3）培养土 选用酸性土花卉，要求pH 4.5~5.5。可用泥炭土、苔藓腐叶土、珍珠岩等混合。

（4）水分 对水分敏感，生长季节需水量大。雨水，河湖水、池水均可，自来水放置几天挥发氯气，水温气温接近使用。冬季休眠期需水量少，开花萌芽期需水量大。

（5）肥 基肥使用长效肥。追肥可使用速效肥，溶水浇灌或者撒于土面，浇水溶解。宜淡不宜浓，薄肥勤施。

（6）修剪 养成合理优美形态。摘心，新梢长到一定高度，顶芽摘除，控制高度，促进侧枝萌发，多次摘心，分枝增多，树冠迅速扩大。剥蕾，秋冬季至开花期控制开花过早过多，防止养分过多消耗，剥除部分花蕾，利于抽梢，培养树冠。抹芽，生长期对茎干上的不定芽抹去，防止养分散失，扰乱树形。疏枝，密植、老弱植、病枯枝、徒长枝，有损美观的枝条从基部剪去。

三、盆栽绿萝的栽培

绿萝（图2-10）又名黄金葛、魔鬼藤、黄金藤等，为天南星科藤芋属常绿多年生草本植物。

绿萝一般采用扦插法繁殖，因其茎节上有气根，扦插极易成活。扦插时间在4—8月，扦插时剪取茎蔓15~20cm长一段为插穗，剪去下部的叶片，仅留顶端叶片1~2个，斜插于沙床中，然后淋透水，保持湿润，以后要经常向插穗的叶面喷水，约十几天可生根。

绿萝性喜温暖、潮湿环境，要求土壤疏松、肥沃、排水良好。盆栽绿萝应

图2-10 绿萝

选用肥沃、疏松、排水性好的腐叶土，以偏酸性为好。绿萝极耐阴，在室内向阳处即可四季摆放，在光线较暗的室内，应每半月移至光线强的环境中恢复一段时间，否则易使节间增长，叶片变小。绿萝越冬温度不应低于15℃，盆土要保持湿润，应经常向叶面喷水，提高空气湿度，以利于气生根的生长。旺盛生长期可每月浇一遍液肥。

技能训练

盆花栽培技术

一、实训目的

通过盆栽基质配制、花盆选择、水分管理和施肥管理掌握盆栽花卉栽培的基本技术。

二、主要仪器及试材

花卉、花盆、基质、喷壶、有机肥、无机肥等。

三、实训内容与技术操作规程

1. 基质的选择

盆栽花卉生产，盆栽基质的选用和配制是关键，盆土由于体积有限，大多数盆栽生产以无土栽培为主。对基质的基本要求：①疏松、透气；②渗透性好，不积水；③固着水分和养分；④pH 适宜；⑤无病虫害；⑥重量轻。

达到上述要求的基质：

（1）国外、国内均配制商业产品，可直接利用；

（2）基质配制、沤制腐叶土，腐殖土，增加有机质，疏松土地塘泥；

（3）pH 可调节：石灰、硫黄、施肥、硫酸亚铁，不同的花卉需用不同的配比。

2. 花盆的选择

（1）塑料花盆　塑料花盆是最常见的一种花盆，它的材质轻巧、色彩丰富、使用方便、价格便宜，但透气性、透水性弱。塑料花盆广泛使用在无土栽培上，用于旱伞草、龟背竹、马蹄莲、广东万年青的种植，还可用塑料盆来育苗。

（2）瓷盆　瓷盆由瓷泥制成，外涂有彩釉，外观洁净素雅、造型美观，但排水性、透气性差，瓷盘在作为瓦盆的套盆时可装点室内或展览花卉。

（3）瓦盆　瓦盆又称泥盆、素烧盆，用黏土烧制而成，分红盆和灰盆两种。瓦盆便宜实用，透气性、渗水性好，适宜种植移栽植物。瓦盆的外形较粗糙，通常用于球根花卉、多肉等旱生花卉用盆。

（4）水养　水养盆盆面很大，盆底没有排水孔，常用于养殖水生花卉盆栽，如莲花缸、水仙盆、风信子瓶等。

（5）紫砂盆　紫砂盆也称陶盆，制作工艺精巧，外形古朴大方，但透水性、透气性差，不适宜用来栽植花木，通常用来作厅室、会客室花卉陈设的套盆。

3. 水分管理

盆栽花卉浇水的原则是见干见湿，间干间湿，不干不浇，浇则浇透。大部分盆栽花卉喷水过一段时间浇透一次，干透再浇。有些阴湿植物如秋海棠植物、蕨类，不能缺水，水分管理要宁湿勿干。木本植物，入冬盆花保持干透湿透。对于仙人掌等肉质类旱生花卉要宁干勿湿。给水方式：

（1）浇水　浇透。不窝水，不能浇半水（拦腰水）；

（2）找水　个别缺水，特别对待；

（3）勒水　过量造成危害，停水松土，干透再浇；

（4）放水　旺季，浇大水，过量无虑；

（5）喷水　喷叶面而不浇水，对长势慢，下层盆土仍含水，4~6 天，间隔浇透一次；

（6）扣水　换盆伤根易烂的种类，用 60% 含水量的盆土敦实，不浇水。如朱顶红、大丽花。

4. 施肥管理

盆栽花卉以不同种类，不同生育期，不通目的确定施肥得多少种类。如旺盛生长期可以增施肥料，休眠期半休眠期停止施肥；营养生长期追施 N 肥，花期增施 P、K 肥。盆花用肥必须充分腐熟。肥料应多种配合，不能单施，浓度不宜过大，薄肥勤施为原则。也要注意影响土地 pH 的肥料。如硫酸铵、硝酸铵为酸性，磷酸钾、磷酸钠为碱性。

高级技术

常用无土栽培基质

（1）泥炭土　又称草炭，是大量分解不充分的植物残体积累形成的土壤。保水、透气性好，可改良土壤，富含氮、磷、钾，丰富的腐殖质，微酸性，质地轻，是纯天然的有机物，无毒无菌，一般和其他基质混合，适于各种花卉的生长发育。

（2）腐叶土　又称腐殖土，是植物枝叶在土壤中经过微生物分解发酵后形成的营养土，质地轻，透水透气，保水保肥，不易板结，富含有机质、各种营养元素。腐叶土可取于天然形成也可自制。

（3）水苔　是一种干燥后的苔藓类植物。透气性、保水性强，干净不无杂质、无病菌不易腐败，可长久使用。可单独使用也可与其他基质混合使用，浇水后，水分能很快均匀分布整个盆内，利于植物的根系更好的生长。广泛用于各种兰花栽培，缺点是不含肥料，种植前请放入少量缓释颗粒肥于盆底。

（4）椰糠　叶子外壳纤维粉末，是加工后的椰子副产品或废弃物。纯天然的有机质介质。保水透气性良好，分解缓慢。

（5）蛭石　天然无毒的矿物质高温膨化，属于硅酸盐。疏松，透气性好，保水，温度变化小，含有矿质肥料，质地轻，可缓冲 pH。

（6）珍珠岩　火山喷发的熔岩急剧冷却或高温膨化破碎的玻璃质岩石。土壤改造，透水透气，保水保温，控制肥效。

（7）陶粒 陶制的颗粒。多孔、质轻，透气，无粉尘。可用于水培固定植物。

盆栽的上盆与换盆技术

1. 上盆

将花苗由苗床或育苗器皿内带土团移出后栽入花盆叫作上盆。新的花盆运用前，需求先放在水中浸泡一段时间。如用旧盆，一定要先消毒、杀菌，以避免带有病菌、虫卵。装土前，先在盆底排水孔上垫两块瓦片，二者不能挤在一起，两块瓦片上再盖一片大瓦片，三块瓦片构成"人"字形。或用两层塑料窗纱盖上排水孔，有利于通气排水。然后在碎瓦片下面再铺上一层粗砂或煤屑渣等，作为排水层，其上再装入一层培育土。另外，花盆的大小须跟花卉株型的大小相配，依照"小花栽小盆，中花栽中盆，大花栽大盆"的原则选择。花苗大而花盆小时，盆土太少，而且显得"虎头蛇尾"，既不雅观，又限制了根系发育，影响成活；若花苗小而花盆过大，盆土太多，浇水后盆土长时间过于湿润，容易导致盆土缺氧，甚至死亡。

2. 换盆

把小花盆移入大花盆，并增加新培养土，该过程有一种操作叫脱盆。（将盆苗从盆中取出）。翻盆要去掉部分旧土，换成肥沃的新土，剪去老根。

翻盆换土的时间要因花而异，一般选在惊蛰和清明两个节气之间，这时盆花刚刚开始萌动生长，但还没有进入生长旺季，是盆花翻盆换土的最好时间。过早，盆花还没有萌动，容易出现烂根；过晚，花卉已进入生长旺盛期，翻盆换土容易伤根，也会影响生长。对于换土，除了看季节，还要看植物本身的情况，不同的植物，适宜换土的时机就不一样。宿根类和落叶类花卉在落叶以后到早春发芽前都可以换盆翻土；常绿花卉如君子兰、茶花、兰花之类应在气温回升以后，不要过早，否则易烂根。

上盆或换盆栽植终了后，用细嘴喷水，直至盆眼有水漏出为止。或将盆放进盛有浅水的桶内，让水从盆底口小孔渗进花盆，直至盆土外表潮湿为止，等根系恢复当前再正常浇水。然后放室外隐蔽处缓苗，缓苗时期不要急于浇第二次水，待盆土外表发白时再浇第二次水，由于此时新根尚未长出，吸水才能弱，水多会影响成活。待花苗恢复生长后才干施追肥。

夏季遇到高温缺水萎蔫的盆栽不应立即大水浇灌，需要移至阴凉处，先向叶片喷水，等待其稍恢复生机再向其土壤浇水，反复几次直至浇透。

思考练习

1. 哪些盆栽植物更加适合在重庆室内摆放？
2. 盆栽的工厂化生产基本设施及用法是什么？
3. 年宵花卉市场常见的盆栽花卉有哪些？

任务四 | 盆栽花卉有害生物防治

【任务情境】

盆栽花卉和露地花卉一样会遇到的首要威胁就是病虫害对花卉的侵蚀，一旦花卉染上了病虫害，会给花卉的生长、存活都带来巨大的威胁，所以学习如何防治病虫害是非常关键的一件事情。相对而言，盆栽花卉会遇到的病虫害比田间花卉要少一些，所以防治起来也相对容易一些。

【任务分析】

盆栽花卉有害生物的防治有其特殊性，发生面积小需精准防治、更强调综合防治且考虑巧用土方法，采取化学防治措施时要选用高效低毒低残留的农药。

知识链接

近代研究认为病虫综合防治是对有害生物的综合治理（简称 IPM），它的基本概念是：综合防治是一种病虫管理系统，应用生态学方法，根据不同地方果园生态系的特点，以果树为中心，有机地协调运用各种防治措施，充分发挥生态系中有利因素的作用，限制不利因素的发展，有效地控制病虫种群数量，在经济损失允许水平之下，使经济损失和对环境有害的副作用降低到最低程度。综合防治不是各种防治方法的凑合，而是根据当地病虫发生规律，从"预防为主"的原则出发，严谨地选择几种最有效安全、经济、实用的措施，互相补充。不要求彻底消灭病虫，只要求将其数量维持在不造成经济损失的水平上。

病虫害的防治措施分为农业防治、物理防治、化学防治以及生物防治措施。目前常规生产中多采用化学防治措施，打农药是常用的方法。物理防治如黄板蓝板，黑光灯、糖醋液引诱等。农业防治主要是轮作、有机肥料的科学使用，科学管理，选用适合的栽培方法等。生物防治主要是利用天敌，如赤眼蜂、丽蚜小蜂、一些生物菌类的应用技术等。

目前我国的植保工作方针是"预防为主，综合防治"。有人认为"预防为主"就是在花卉生长季节，不管有虫无虫、虫多虫少隔几天定时打药，这种做法恰好是违背了"预防为主，综合防治"的方针。以准确的测报为依据，已经预料到某种害虫将在不久的某一时期会对花卉造成为害，在其尚未造成为害之前，选择最有利的时机，进行必要的防治，这才是预防为主的本意。有人把综合防治理解为把各种防治方法不加选择地全部用上，显然也是错误的。综合防治不应被看成仅仅是防治手段的多样化。

　　首先，综合防治是以生态学为基础，把花卉看成一个生态系，组成这个生态系的成员有非生物因子的自然环境，有生物因子，还有各种农事活动（如修剪、水肥管理、喷药等）。在制订防治计划时，要全面考虑每项措施对整个生态系统的影响，尽量减少不利的影响。其次，我们要认识到综合防治是控制害虫种群数量而不是消灭害虫。例如花卉中有许多零星发生的毛虫类害虫，它们吃掉了一些叶片，但对花卉的产量、质量没有影响；还有吃花的苹毛金龟子，在数量不太大时，它们所吃去的花正好起到了疏花的作用。另外，这些昆虫还是天敌的食物，是天敌生存的必要条件。对这些昆虫就不能视为害虫，不要进行防治。对发生量大，对花卉可造成经济损失的害虫或害螨，应在关键时期进行防治，控制其种群数量，使花卉不受损失即可。第三，要综合运用和协调各种防治措施，使之相辅相成，取长补短，从而发挥出各种措施的最大潜力。第四，综合防治要有经济的观点，要讲实效。

技能训练

盆栽绿萝病虫害防治技术

一、实训目的

　　以绿萝盆栽常见病虫害为例，了解室内病虫害的特点以及如何防治盆栽花卉的病虫害。

二、主要仪器与试材

　　病虫害植株、放大镜、显微镜、药剂、喷雾器。

三、实训内容与技术操作规程

1. 绿萝细菌性叶斑病

（1）症状　初在叶片上生水渍状坏死点；后迅速扩展成具明暗相间的同心轮纹状褐色斑，病斑外围具黄色晕圈，是该病重要特征。

（2）病原　*Pseudomomnas cichorii*（*Swingle*）*Stapp.* 称菊苣假单胞杆菌，属细菌。菌体杆状，有单极生鞭毛 1~4 根，大小（0.2~3.5）μm×0.8μm，革兰染色阴性，氧化酶反应阳性，精氨酸双水解酶阴性。金氏 B 平板上产生黄绿色荧光色素，菌落圆形，白色，不透明，边缘整齐，微凸，黏稠。不产生果聚糖，能引起烟草过敏反应，不能使马铃薯腐烂，生长适温 30℃，41℃不生长，具硝酸还原作用（图 129 绿萝细菌性叶斑病菊苣假单胞杆菌）。

（3）传播途径和发病条件　病原细菌可在寄主上或杂草上越冬，成为该病的初侵染源，除为害绿萝外，还可为害油菜、苋菜、龙葵、马齿苋等。4 月下旬开始发病，5 月中下旬进入发病盛期，该病发生与湿度密切相关，棚室或田间湿度大易发病和扩展。据观察，该病的发生可能需借助风雨冲刷，叶片呈水渍状利于病原细菌侵入、繁殖而发病。

（4）防治方法 ①棚室养护的绿萝可采用生态防治法，及时放风排湿，降低养护环境湿度。②发病初期喷洒72%农用硫酸链霉素可溶性粉剂3000倍液或56%靠山水分散微颗粒剂600~800倍液、53.8%可杀得2000干悬浮剂1000倍液、30%氧氯化铜悬浮剂800倍液、20%龙克菌悬浮剂500倍液。

2. 绿萝根腐病

（1）症状 染病株矮化，植株基部呈水渍状，浅褐色至黑褐色，凹陷缢缩，严重时茎基或细根腐烂，致地上叶片逐渐萎蔫，在病部或附近土表常有白色棉絮状菌丝层，即病原菌孢囊梗和孢子囊。

（2）病原 华丽腐霉（*Pythium splendens Braun*），属卵菌。谢焕儒1978年从台湾土壤中分离到，病原形态特征参见天竺葵黑胫病。此外有报道*Pellicullaria sp.*也可引起绿根腐病。

（3）传播途径和发病条件 华丽腐霉是土壤真菌，以卵孢子越冬。当植株遇有低温高湿条件时，卵孢子萌发产生游动孢子，侵染绿萝根部或根颈处，造成发病，是典型的土传害。

（4）防治方法 ①精心养护。绿萝喜高温多湿及半阴环境，夜间生长适温为14~16℃，白天21~27℃，每天光照8~10h为宜，要求疏松、肥沃、排水良好富含腐殖质的壤土。从春到秋每日从株顶向下充分浇水，入冬后控制浇水，越冬温度应高于10℃。低温或过于干燥会导致落叶，但只要茎不出现水渍状，翌春即可恢复生机。②发病初期喷淋50%根腐灵可湿性粉剂800倍液或50%立枯净可湿性粉剂800~900倍液、80%绿亨2号（多福锌）可湿性粉剂800倍液、50%杀菌王（氯溴异氰脲酸）水溶性粉剂1000倍液。

盆栽花卉的害虫

盆栽花卉的害虫种类很多，以下介绍几种常见害虫及其驱除方法。

1. 蚜虫

盆栽花卉最容易被蚜虫寄生。在蚜虫发生初期，用硫酸烟草精30倍稀释液，用喷雾器喷洒；或用毛笔将药液涂在寄生的地方；或用100~150倍液的石油乳剂喷洒；或氟乙酰铵等，都有很好的防治效果。

2. 蚂蚁

蚂蚁不但引诱蚜虫的危害，并且加害于幼芽；在盆里作窝，伤害细根，为害不浅。驱除方法有四种：

（1）最普通的办法，是寻获蚂蚁窝，注入煮沸的盐水；或在纸上涂蜜糖，引诱蚂蚁来吃，等到聚集最多时，浇上沸开水杀死。这个方法，须多次施行，才能使蚂蚁绝迹。

（2）在盆架脚下，置放水盘，可防止蚂蚁爬上去。

（3）若盆中发现蚂蚁窝，那就非换盆不可；否则，盆棵必遭害枯死。

（4）发现蚂蚁窝或蚁群，可用敌敌畏、敌百虫等或家用杀虫剂喷杀。

3. 袋虫

袋虫俗称皮虫。外有坚韧的皮壳包裹着，用药剂喷杀，不易奏效。唯一的办法是随时注意，若有发现，立即捕杀，效力比用药显著。

4. 毛虫和青虫

蝶蛾飞来，产卵在叶的表里，或枝秆的周围、芽的附近，也有产在根际附近土中的。因此，一见虫卵，应当立即刷掉、撤死；虫卵所孵化的幼虫，大都聚集在一起，趁它们还没有分散的时候，及早捕杀，才能事半功倍。成长的幼虫，常从庭树等处移带过来，加害盆栽的芽叶等，发现后，应立即捕杀。若是到了众多聚起来、不易捕杀时，可用乐果1000~1500倍液喷杀；若用家用杀虫剂也可见效，但价格较高。

5. 蛀心虫

蛀心虫有好多种，有天牛的幼虫、粉蛾的幼虫和其他昆虫的幼虫。当蛀心虫蛀入盆树的树干中时，树液的流动发生障碍，逐渐至枯萎。若是庭树，可剪除被害部分。但盆栽的一枝一叶都关乎美观，当然不能应用此法。樱花、梅、蔷薇、葡萄等最易被害。蛀虫的卵在幼茎上，孵化后变成青虫，沿着茎爬动，蛀入幼茎中。驱除蛀心虫，至今还没有良好的方法；但蛀心虫有一特性，就是最初蛀入嫩枝，而后向干部蛀入。所以，在爬动的时期，可撒布药剂。若小枝一经蛀入，蛀入蛀虫的枝秆如必须剪去，应在蛀孔下6cm左右处剪定，这样，便可连虫体一同剪去。

蛀入枝秆的蛀虫，若不从速驱除，该枝必致枯萎，这是盆栽的大敌。凡枝秆上有粉状的虫粪，必有极小的蛀孔，其中一定有蛀虫。驱除的方法有四种。

（1）用凡士林油涂塞蛀孔，堵塞空气流通，蛀虫就会被窒息死。

（2）如上法不能奏效时，可用细铅丝伸入蛀孔，刺死蛀虫；将铅丝的尖端弯成钩形，将虫体钩出；如蛀虫已被刺死，铅丝头上便附有浆状虫体液，但此法不一定可靠。

（3）若第二法仍觉不妥时，可在蛀孔中塞入浸透敌敌畏或敌百虫等类药液的棉花，孔口用黏土或凡士林等封闭，药性能向枝秆中渗透，可杀死枝秆中的蛀虫。

（4）在蛀孔中注射95%纯酒精，使渗透入枝秆，将虫杀死。

6. 蜗牛和蜒蚰

蜗牛和蜒蚰在日间潜伏盆底、叶背及其他荫处，而在阴雨天和夜间出来，偷食幼芽嫩叶。凡蜗牛和蜒蚰经过之处附着黏液，且加害叶的表面，有损枝叶的美观。驱除的方法是寻觅它们日间潜伏的地方，一一捕杀。预防的办法可在盆中或盆棵根部的四周，撒布干燥的木炭末或干石灰粉；或在盆脚的四周撒布木炭粉或干石灰粉；在盆脚四周撒布食盐，也有驱除效力。

7. 蚯蚓

蚯蚓通常是益虫，但对盆栽花卉却有害处，因为它在盆里翻土，且使土粒结成团状，也会伤害盆棵须根。若施未经发酵的肥料，或盆土偏湿时，最易发生。如盆土干燥，或施腐熟的肥料，或施过磷酸钙，发生较少。如发生不多，可等到换盆时，即可一并驱除。

8. 介壳虫

介壳虫种类很多，多寄生在柑橘、松树、苹果、桂花和其他盆栽花果树，少量发生时可用竹签剔去，再用旧牙刷洗刷清除附着的痕迹，并清扫落在盆土上的残骸；虫情严重时，在四五月若虫活动期，用 1000~1500 倍 80% 敌敌畏稀释液，或 1000 倍 40% 乐果稀释液喷杀。

9. 切芽虫和食叶虫

切芽虫专咬去盆栽植株的幼芽，虫体长约 1cm，俗称红腹毛虫。盆梅的幼芽，常会被食芽虫所盗食。发生时，所有嫩芽能全被吃去，为害不浅。驱除方法是，自秋末至春初，当它还没有活动时，把它寄生的盆栽移入温室中，引诱它活动，然后用强杀虫剂（如菊酯、敌百虫、敌敌畏等）喷洒全部枝杆，特别是在枝隙间，可将它杀死。

盆栽除上述害虫外，还有天牛、地蚕、军配虫等，为害虽不普遍，亦需随时捕杀。

盆栽花卉的病害

盆栽花卉，不下百种，所以病害的种类也很多。从植物生理上而言，凡发生异常状态的，均称为病害。

1. 病害的分类

（1）生理病害　树木因缺水而干枯；因过湿而根腐；因移植不当而死；因缺少肥料而衰弱；因受风害而拔根折枝；因烈日暴晒而焦叶，这都是生理的病害。若能悉心保护，这些病害便可避免。

（2）昆虫危害　如蜂产卵在叶的组织中而患虫瘿病，刺激根部而起的瘤病，蚜虫和介壳虫危害而引发的煤烟病，以及其他昆虫危害而使树木各部发生的异态，都是属于此类。

（3）细菌侵害　因各细菌的侵害，导致树木各部呈现异态的，通常称为植物病害或植物的疾病。危害植物的细菌种类很多，有细菌侵害的植物，不但生长受阻，观赏价值也降低了，有的还会导致枯死，因此，应该重视植物病害的预防。

植物病害的发生通常表现有：

①根的病害：因各种细菌的侵害，根部即起腐烂，也有很多根部变肿瘤的。此类病害以花卉和果树盆栽发生最多。

②干的病害：如干表皮的腐烂、树脂的流溢、干皮的裂隙、干心的蛀腐等。

③枝的病害：除生斑点、污点外，发生和树干上相似的疾病，如枝上发生肿瘤病等。

④芽和芽莆的病害：芽莆萌生后，不开放而腐落，或枯萎。其病源，除虫的加害，也因培养不当，造成生理的变化，此外，就是细菌的侵害所造成。

⑤叶的病害：叶的病害更多，如杜鹃的霉病、涩病等，其他如针叶树的霉病、涩病、锈病等；梨、苹果等的赤星病、黑星病等以及海棠的赤星病、黑星病等，都属细菌性病害。

⑥果实的病害：果树盆栽容易发生果实脱落、果皮生斑点、果肉腐烂等病害。

2. 病害的预防和治疗

上述盆栽病害，常人多不注意，因此，由于病害而致死的盆栽花卉，为数不少，故对于病害的预防和治疗，应多加注意。对于盆栽花卉的病害，应以"预防为主，治疗为辅"为原则。病菌有遗传性和传播性，其传播方式来自各个方面：有从空气传播的，有从土壤传播的，有从器具媒介传播的，还有从虫害引发的。其中，以从空气传播而附着繁殖的最为普遍。其预防方法如下：

（1）在阳光和空气流通、通风良好的地方培养。

（2）盆土以保持湿润为度，勿过干，也勿过湿，施肥适度。

（3）盆土使用前，宜用蒸汽消毒，或用福尔马林消毒。

（4）勿随便购买带有病害的盆栽或盆棵。

盆栽一旦发生病害，可用波尔多液（用硫酸铜、生石灰和清水调制）、碳酸铜铵液（碳酸铜加少许水调成糊状，加氨水搅拌，再加水稀释），或用 500～1000 倍多菌灵稀释液喷洒，都能奏效。

盆棵的洗涤：任何盆栽花卉的枝叶上，总不免有尘芥、污垢、煤灰等污物黏附，所以每年必须洗涤 1 次。洗涤盆棵，可用旧牙刷蘸上清水，细心地洗刷干、枝、叶三部分。煮豆腐的冷汤呈碱性，很容易洗清污点，并且使树皮光润；但用煮豆腐冷汤洗涤后，须用喷水壶喷洒清水，将豆腐汤洗尽。盆棵的洗涤，不仅与观赏有关，也可预防病虫害。落叶树可在冬季洗涤，最为方便，收效也佳。

1. 如何巧治盆栽花卉有害生物？

2. 盆栽花卉选用农药的注意事项？

任务五｜组合盆栽的设计与制作

【任务情境】

某花店与设计制作一批高档花卉组合盆栽出售。组合盆栽（图 2-11），是园艺花卉艺术之一，它主要是通过艺术配置的手法，将多种观赏植物同植在一个容器内。组合盆栽观赏性强，近年来在欧美和日本等国相当风行，在荷兰花艺界还有"活的花艺、动的雕塑"之美誉。

【任务分析】

组合盆栽花卉通过组合设计使观赏植物从单株的观赏植物提升为与插花相似，都属于艺术作品。但与插花相比，除了观赏性增强外，具有更强的生命活力，更持久、动态性的观赏效果。

图 2-11　组合盆栽

一、花卉组合盆栽的原则

1. 花卉生态习性要接近

组合盆栽中的花卉由于栽植在同一容器里形成一个整体进行管理，需要选择对光照、温度、水分、基质、肥料等要求相近似的花卉进行组合，便于养护管理。

2. 主题突出

任何一件艺术作品要表达一定的寓意，都有一定的主题。主体植物放在最吸引眼球的地方，通过独特的花色、花形及植物姿态进行表达。

3. 花卉之间要有色彩对比

花卉的色彩相当丰富，从花色到叶片颜色，都呈现出不同风貌。在组合盆栽设计时，植物颜色的配置，确定主色调，考虑其空间色彩的协调、对比及渐层的变化，还要配合季节、场地背景及所用器皿，选择适宜的栽植材料，以达到预期的效果。

4. 整体平衡，层次分明，体例适宜

组合盆栽的结构和造型要求平衡与稳重，上下平衡，高低错落，层次感强。器皿的高矮、大小与所配置的花卉相协调。

5. 富有节奏与韵律

组合盆栽与其他艺术作品一样有节奏与韵律，不至于呆板；通过植物高低错落起伏，色彩由浓渐淡或由淡渐浓的变化，体积由大到小或由小到大的变化来产生动感。让作品产生节奏与韵律之美。

6. 空间疏密有致

组合盆花花卉种植数量不宜过多，应根据容器的大小来确定花卉数量，一般小盆 2~3 种配合，中盆 3~5 种配合，大盆花 5~7 种配合。在花卉组合盆栽时，应使花卉之间保留适当的空间，以保证日后花卉长大时有充分的生长环境。同时，整体作品不宜有拥塞之感，必须有适当的空间，让欣赏者发挥自由想象的余地。

二、组合盆栽的制作

1. 构思创意

组合盆栽在种植前应进行构思创意，构思创意有多种途径：①根据花卉品性构思；②根据物体图案构思；③根据环境色彩构思；④根据器皿含义构思。

组合盆栽中创意巧妙，常能达到意境深邃，耐人寻味的境地，从而给人以美的享受。

首先，要确定主题品种。一个组合盆栽要用到多种花卉，突出的只有 1~2 种，其他材料都是用来衬托这个主题品种的。主花的颜色也奠定了整个作品的色彩基调，选择主题品种和制作目的、用途以及所摆放的位置密不可分。

其次，植物的生长特征也是制约选择花卉品种的一个重要因素，这对作品的整体外观、养护管理等都是十分重要的。其他如容器种类、样式、大小的选择，应与所选花卉相协调。

2. 栽培器皿及装饰品的准备

栽培器皿要求美观、有特色，艺术观赏价值高。主要有紫砂盆、瓷盆、玻璃盆器、纤维盆、木质器皿类、藤质器皿类、工艺造型盆类及通盆类等。装饰品类有很多，如小动物、小石块、小蘑菇、小灯笼、小鞭炮、树枝、松球等。

3. 栽培基质

组合盆栽所用基质既要考虑花卉的生长特性，又要考虑其观赏所处的环境。基质总的要求是通气、排水、疏松、保水、保肥、质轻、无毒、清洁、无污染。主要有泥炭、蛭石、珍珠岩、河沙、水苔、树皮、陶粒、彩石、石米等。

4. 花卉的选择

根据作品创意选择花卉。花卉种类很多，有花形美观、花色艳丽、花感强烈的焦点类花卉；有生长直立，突出线条的直立类花卉；有枝叶细密，植株低矮的填充类花卉；有枝蔓柔软下垂的悬垂类花卉。

5. 盆花的组合

先对栽培基质、器皿、工具等进行消毒。取器皿先垫防水层、装饰纸（视情况而定），加少许塑料泡沫、陶粒作垫层。先放入主题花卉调整好位置和方向，再放入其他衬托花卉，加入少量的基质进行固定。观察花卉整体布局是否符合构思创意要求，调整恰当位置和方向，再填充基质，压实固定。盆面遮盖装饰材料。对花卉枝叶作适当修剪，浇透水，放在阴凉处培养。浇透水后根据作品要求配置其他小饰物。

技能训练

多肉组合盆栽栽植方法

一、实训目的

学习组合盆栽的设计与制作。

二、主要仪器与试材

花盆、花卉植株、基质、小铲、镊子等。

三、实训内容与技术操作规程

（1）多肉到手后先剪根，晾放两天，可以让根的伤口愈合。准备容器要准备一个比原来的花盆更大一些的容器。先考虑好要把植物种在花盆的哪个位置。加入大粒的赤玉土，大致到花盆 1/3 左右的高度即可，这样可以让排水更顺畅。

（2）加入肥料前先放入一层培养土，土量只要能够覆盖住下面的赤玉土就可以了，然后加入一小撮肥料。调节植株的高度把植株放入花盆，同时调节好高度。加入培养土决定好高度后，一手扶住植株，一手在它的周围撒入培养土。土不能加得太满，要留下浇水空间才好。

（3）压实泥土、培养土，放入植株后，敲敲花盆，让泥土更加紧实，不留空隙。如果觉得土不够多，就再加些。最后铺上火山岩即可。

（4）选好要做枝插的植物，在植物顶部 1/3 处，用剪刀把植物的一段剪下来。剩下的那部分只要像平常一样养殖就可以了，过些日子它们就可以自愈了。

（5）用手把剪下的植株中多余的叶片掰掉，露出一段根茎。

（6）把植株小心翼翼地植入装好土壤的花盆中。或者把植株放到装满水的小瓶子中，注意不要让植株碰到水面，要留出一段空间，这样就可以让植株很好地生根，以便以后再次种植。

（7）先选择好多肉植物的颜色、种类、高低，再决定购买小苗，大致决定一下构图，注意一下植物的平衡与美观。然后准备好一个小花盆，先铺上一层土壤，一定要用水打湿。在上面再铺上一层火山石，火山石是多肉生长的好伴侣，可以提供不少微量元素，同样打湿。

（8）从花器的边缘处开始移植小苗。在一个边缘处开始移植、推土，然后再慢慢往另外一边铺开。尽量做到不要用手去碰小苗的叶子，所以用镊子来做这个最合适不过了。

（9）按着自己喜好种植完毕后，尽量不要再移动已经移植好的小苗，最后完成的时候，用小铲子添加一些赤玉或者装饰石头即可（图 2-12）。

图 2-12　多肉组合盆栽

组合盆栽的养护管理

1. 植料

由于混植盆栽栽种的植物种类多、数量多，因此植料的肥力一定要足，当然前提是土质要透气排水佳，春夏季的混植盆栽可以使用保水能力稍微强一点的植料，因为水分蒸腾量大，会非常耗水，可以选择泥炭、珍珠岩、蛭石、椰糠等常规植料按一定比例混合，有条件的花友也可购买一些大颗粒的多肉植料如赤玉土等。还有非常重要的一点是，使用大盆的话，盆底一定要放钵底石，除了促进排水防止烂根外，还能有通风透气等作用。

2. 肥料

底肥一定要放足，除了和植料拌在一起的有机肥等，一般应施放缓释肥，肥效长又干净。在生长期内最好每两周能给一次水溶性的薄肥。

3. 光照

室内对人来说光线是很足，可是对植物来说，隔着玻璃窗的光线往往是不够的，很多玻璃窗甚至会过滤掉一半以上的可见光。因此，如果盆栽放置在室内，应选择一些对光照不那么敏感的植物。

4. 水分

几天浇水一次的说法是不科学的，浇水应该在植物需水的时候进行。如夏季的混植盆栽植物多，水分消耗快，在气温到了20℃以上时，天晴的话通常都需要看情况每天浇1~2次水，露天放置的盆栽下雨天就可以不浇。冬季温度低，水分消耗慢，浇水须慎重。梅雨季节请注意通风避雨。

5. 温度

夏季温度超过35℃以后，除了少数几种盆栽植物能继续曝晒外，大多数植物都应该在11—16点的时段内适当做遮阴处理了。冬季混植盆栽我们通常会选择比较耐寒的植物，只要天气不到零下，基本没有什么大问题。

6. 修剪

很多人会忽略修剪这个问题，往往会舍不得剪，或者不知道该怎么剪。残花败叶中含有大量的细菌和虫卵，留在盆里会给植株带来病虫害，因此，必须及时修剪残花败叶。植物一旦结果，往往就会停止或减缓开花，修剪残花不仅有利于防治病虫害，还能促进新花苞的生长，延长花期。因此，病枯枝、徒长枝、老化枝、弱枝、花后枝等常规修剪是必要的。

苔藓微景观的设计与制作

近年来，花卉市场上迅速流行起来一种玻璃容器栽培小景观，受到大众的追捧，大家称之为微景观。它们妙趣横生，摆放在家里或者办公室里，犹如绿野仙踪般的童话世界。

苔藓微景观（图 2-13），是用苔藓、蕨类或其他阴生喜湿的植物，搭配各种造景小玩偶，运用美学的构图原则，组合种植在一起的新型桌面盆栽。

图 2-13　苔藓微景观

1. 制作微景观所需要的材料和工具

（1）阴生喜湿的植物。

（2）基质　包括做排水层的陶粒粗沙、做保水层的水苔和基础的种植土。

（3）工具　包括小铲、水壶、镊子、小刷子等。

（4）喜欢的装饰物　如小动物、小栅栏、装饰彩砂等。

（5）漂亮的玻璃容器　也可以用鱼缸、酸奶瓶、布丁瓶等。

2. 制作过程

（1）铺一层陶粒　玻璃瓶底部无透水孔，我们要在玻璃瓶里面装一定的隔水层，防止后期浇水过多植物烂根。陶粒只需要一层，盖住瓶底即可。

（2）用粗砂覆盖陶粒　粗砂填满陶粒空隙即可。

（3）铺水苔　水苔可以吸水保水，也可以防止上面的种植土漏下去和排水层混合，以保持微景观整体的美观度。加水润湿。用小刷子整理整齐。

（4）加入种植土　种植土以草炭：蛭石＝1：1 混合，加入 1~2g 多菌灵防腐，蛭石排水透气，草炭为植物生长提供养分，这样的基质疏松透气、不易发霉、含有植物所需养分。整理出梯度，这里需要有一个斜面。

（5）种植植物　我们可以用网纹草、小株蕨类、罗汉松幼苗等喜湿耐阴，植株低矮、叶片小、生长缓慢的植物，最好有叶形和叶色的变化，这样制作的微景观比较有层次感。用镊子夹住植物的根部插入种植土，周围稍加压实，逐一种好。

（6）铺苔藓　苔藓可用白发藓、大灰藓，观赏性比较好的苔藓，可以购买，也可以在背阴潮湿的地方寻找。用镊子夹好苔藓根部轻轻放入瓶内，一边铺设，一边整理，注意要保持原有梯度。

（7）加入装饰彩砂。

（8）插入小装饰物。

（9）浇水　用小喷壶浇水，并冲洗玻璃内壁，浇水至排水层有 0.5cm 的积水即可。

3. 苔藓微景观的养护

（1）保持湿润，经常喷水才能保持植物的青翠。苔藓干燥即会变黄。

（2）不要放在阳光直射的地方，散射光利于保持微景观的美丽，植物有向光性，微景观需要经常旋转摆放角度，避免长偏。

（3）经常清洁玻璃容器内壁、外壁，保证玻璃瓶的透光性。

（4）植物如有黄叶或腐烂，要及时修剪，防治烂苗。

（5）微景观植物最适温度是 20~25℃，如能保持 10~28℃ 的生长环境，也可保持微景观的美观。

多肉组合栽植小贴士

（1）分株要小心地分离植株，可不能弄伤根部哦。如果幼小的植株也连着根，那更要小心，不要把根弄折了。

（2）如果花盆的底部比较大，最好铺上报纸和网格。铺上报纸后，碎土不容易掉出来，便于保持房间清洁。而且根部长好的时候，报纸也差不多溶化掉了。

（3）用手把粘在根部的泥土弄掉，这些土都是旧土，没有营养，所以要扔掉。

（4）种植剪切下来的植株最好等植物创口变黑或者收缩以后再种植。

（5）种植的时候最好不要用手触碰，最好用镊子来种植，这样可以保持植物良好状态。

（6）小盆景中的植物最好选择同生长季的植物，这样浇水的时候都可以照顾到。

（7）植物如果发芽新的小植物，最好移盆出来以防植物互相抢营养。

（8）不要浇太多水，这样会造成植物徒长。

1. 目前年宵市场上比较流行的蝴蝶兰组合盆栽，请根据蝴蝶兰的习性为其配一些可以组合在一起的植物。

2. 以色彩学的观点，在设计组合盆栽的时候应该如何色彩搭配。

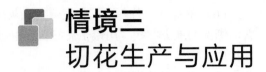

情境三
切花生产与应用

【情境描述】

经保护地或露地栽培，运用现代化栽培技术，单位面积产量高，生长周期短，达到规模生产并能周年生产供应离体观赏鲜花的生产方式称切花生产（图3-1）。

图3-1 切花生产

鲜切花生产单位面积产量高、收益大，易形成规模化生产，切花运输简便，消费量大，经济效益高。随着经济的发展和人们生活水平的提高，人们对鲜花的需求越来越大，鲜切花市场迅速崛起，形成一个大产业。我国是世界鲜切花生产大国和出口大国，生产和消费具有巨大潜力. 产业的发展有着良好的前景。

【知识目标】

1. 了解切花生产的主要方式和切花保鲜的技术原理。

2. 掌握各种切花的品种特征、生态习性、繁殖技术、栽培管理、采收保鲜及产品生产流程等各环节的理论知识。

【技能目标】

熟练掌握切花菊、切花月季、香石竹、唐菖蒲、非洲菊、百合等切花的种苗繁育技术、栽培管理技术要点以及采收保鲜技术。

任务一 │ 花卉的脱毒技术

【任务情境】

在农业生产中,一些农作物经过几代
种植,品质一般都呈现不同程度的退化,
在马铃薯、花卉、蔬菜、果树等农作物上
表现得尤为突出。根据科学家的长期研究,
农作物品质衰退的原因主要是植物病毒的
感染。为获得高产,生产中就必须培养出
无病毒苗木,即脱毒苗木,这就是脱毒苗
的概念。脱毒苗技术现在也运用到了花卉、
果树、蔬菜等农业生产中,从而生产出优
质无毒花卉球种、无病毒果树苗木等,如
菊花脱毒苗(图3-2)。

图3-2 菊花脱毒苗

【任务分析】

脱毒技术在花卉企业应用越来越广,掌握茎尖培养脱毒技术。

知识链接

一、植物病毒的传播方式

(1)介体传播:蚜虫、叶蝉和飞虱。
(2)土壤中的介体。
(3)非介体传播:机械传播。
(4)无性繁殖材料和嫁接传播:种子和花粉传播。

二、植物脱病毒的机理

病毒在植物体内的分布是不均匀的,在茎尖中呈梯度分布。

三、植物组培脱毒技术研究进展

White 于 1943 年首先发现,在感染烟草花叶病毒的烟草植株生长点附近病毒的浓度很
低,甚至没有病毒,并且病毒的含量随植株部位和年龄而异。Morel 等在这个启示下,于
1952 年利用感染花叶病毒的大丽菊茎尖分生组织培养,得到了无毒植株。自 1952 年以来,
通过茎尖分生组织培养或热处理与分生组织培养结合的方法获得成功的实例有 100 余种,
其中最成功的实例之一是马铃薯的脱毒培养Ⅲ。随着植物细胞培养技术的发展,20 世纪

50 年代末通过愈伤组织培养脱毒获得成功。20 世纪 70 年代初植物原生质体培养成完整的植株，为利用原生质体培育无毒植株提供了可能性。1975 年 Shepard-5 通过对瘟染病毒的烟草原生质体的培养得到了无毒植株。1972 年 Navarro 等将果树嫁接方法与茎尖分生组织培养法两者有机结合，创立了一种新的植物组织培养脱毒技术，即茎尖显微嫁接法。这一技术的创立，为果树的无病毒化开辟了一条新的途径。近几年来，应用上述技术在一些很难脱毒的植物上，如菊花、唐菖蒲、矮牵牛、球根鸢尾、风信子、水仙、文心兰、香石竹等都获得了不同程度的成功。

四、植物脱毒方法

植物脱病毒通常可采用热处理、茎尖培养、茎尖微芽嫁接、热处理配合茎尖培养、热处理配合茎尖微芽嫁接等方法达到脱毒目的。

1. 热处理脱毒

热处理脱毒主要是利用有些病毒受热的不稳定性而使其失去活性，从而达到脱病毒的目的。一般采用 35~55℃ 的热水或高温蒸汽、高温空气处理，温度越高处理的时间越短。人们常将热处理中生长的新梢顶端嫩枝嫁接到无病毒砧木上，进行进一步的茎尖培养或茎尖微芽嫁接以增大脱毒几率。

2. 茎尖培养脱毒

茎尖培养之所以能够除去病毒，是由于病毒主要是通过维管束传导的，所以在感病植株内的分布是不一致的。维管束越发达的部位，病毒分布越多。由于生长点内无组织分化，即尚未分化出维管束，所以不存在病毒。把茎尖生长点接种在适宜的培养基上进行组织培养，就能培养出无病毒植株。实验证明，茎尖培养脱毒效果好，后代遗传性稳定，还可同时脱除类病毒、细菌和真菌。

3. 茎尖微芽嫁接法脱病毒

茎尖微芽嫁接法脱病毒是茎尖培养脱毒的一种改良方法，这种方法主要用于那些茎尖培养较困难的植物。所谓茎尖微芽嫁接就是在无菌条件下，将切取的茎尖经组织培养后嫁接到去顶的实生苗上（由于实生苗是通过种子繁殖的，所以不带病毒）。待茎尖发育后，即可获得具有茎尖母本性状的无病毒植株。

通过以上方法培育出的苗木，还需要经过严格的鉴定，证明确实无病毒存在，才是真正的无病毒苗。常用的鉴定方法有指示植物法、抗血清鉴定法、生化法和电子显微镜直接观察法等。脱毒苗的鉴定通常是在相关部门和权威机构的参与、指导和监督下进行的。

五、再生植株病毒鉴定

（1）症状直接检测　植株茎叶中是否有该病毒所特有的可见症状。

（2）指示植物测定　指示植物是对某种或某些特定病毒非常敏感的植物。将受检植物的液汁轻轻涂于指示植物叶片上，加细石英砂适当用力摩擦，使指示植物叶表面受到侵染，但又不要损伤叶片。

（3）免疫学方法　先给动物注射已知病毒获得抗血清，再将分离的待测植株液汁加入，观察有无沉淀出现。常用酶联免疫法（ELISA），即用酶标记抗原或抗体的微量测定法。

（4）电镜法 直接观察有无病毒微粒的存在，以及微粒的大小、形态和结构，借以鉴定病毒的种类。

（5）分子生物学方法 核酸杂交、PCR、dsRNA 等。

茎尖培养脱毒

一、实训目的

了解茎尖初代培养的方法和步骤。熟练掌握外植体的取材、消毒、接种、初代培养的操作过程。掌握植物茎尖培养脱毒方法。

二、主要仪器及试材

超净工作台、高压灭菌锅、电磁炉、解剖镜、解剖刀、解剖针、长镊子、培养皿、酒精灯、接种工具、无菌瓶、烧杯（500mL）、玻璃棒、火柴、记号笔、纱布、70%酒精、75%酒精母液、培养瓶、移液管、95%酒精、0.1%氯化汞、块茎等。

三、实训内容与技术操作规程

1. 培养基配制

初代培养基采用 MS+GA30.1mg/L +NAA 0.5mg/L+6-BA 0.5mg/L，在初代培养前配制相应的固体培养基，并进行灭菌，备用。

2. 外植体选择与处理

茎尖 1~2cm，自来水冲洗 30min，剥去外面的叶片，

3. 外植体灭菌与接种

灭菌的准备工作参见"茎段初代培养"。

将茎尖放在超净工作台上进行消毒。先用75%的酒精浸润15s，然后用无菌水冲洗3~5次，再用0.1%的升汞浸泡8~10min，最后将处理过的材料放入灭过菌的培养皿中待用。浸泡时可进行摇动，使植物材料和灭菌剂有良好的接触，然后用无菌水漂洗3~5次。然后一手拿镊子，一手拿解剖刀将已消毒的茎尖放在解剖镜下，逐层剥去幼叶直至露出圆锥形生长点，用灭过菌的解剖刀切取长约 0.3~0.5mm 带 1~2 个叶原基的茎尖，切面要平整。然后左手握住培养瓶，用火焰烧瓶口和封口材料，用右手的拇指和小指打开瓶盖，当打开培养瓶时，瓶口朝向酒精灯火焰，并拿成斜角，迅速地将茎尖接种到 MS+GA30.1mg/L+NAA 0.5mg/L+6-BA 0.5mg/L 培养基中，盖上瓶盖。同时操作期间经常用70%酒精擦拭双手和台面，接种工具要反复在95%的酒精中浸泡和在火焰上灭菌，避免交叉污染。

4. 初代培养

将接种后的材料放入培养室内培养，培养条件为温度 23~27℃，光照 1000~300lx，

16h/d。大约5~7d后茎尖转绿，40~50d成苗。当新梢生长2~3cm长的腋芽，在无菌条件下将无菌瓶苗剪成一段一芽，进行继代培养。

5. 观察记录

跟踪观察记录产生愈伤组织和不定芽的时间，以及出愈率、分化率和污染率等技术指标，及时淘汰劣苗、污染苗。

四、注意事项

（1）外植体要求无病、健壮植株的茎段。

（2）腋芽萌发后及时转接到增殖培养基。

（3）严守无菌操作规程。

高级技术

茎尖脱毒的技术要领

1. 茎尖的剥取

将消毒后的材料放置在解剖镜下，用解剖针（或刀）将分生组织剥取下来，迅速放入茎尖培养基中，如果在空气中暴露时间过长，就会因失水引起茎尖死亡。剥取茎尖的基本原则是既要脱掉病毒，又要使茎尖较容易成活，一般0.1~1mm为宜。有实验证明以0.2~0.5mm，带有一个叶原基的茎尖，脱毒效果最好，成活率也最高，可达95%以上。一般说来，离体茎尖越大，越容易成活，但病毒越难根除，只有没有输导组织的幼嫩分生组织，才可能完全没有病毒，因而，茎尖脱毒培养时，必须尽可能去除输导组织。

2. 选用合适的培养基和生长因子

茎尖剥离下来后，只有培养于具有合适生长激素的培养基中才能成活，一般采用低激素浓度的固体培养基。以大蒜为例，茎尖培养可分为两个环节，首先以茎尖成活为目标，培养基为MS+BA 0.5mg/L+NAA 0.2mg/L，然后再考虑脱毒苗增殖。当茎尖成活并长到2~3cm后，将其转移到增殖培养基中进行苗的伸长和分蘖，以提高繁殖系数。

3. 脱毒苗的移栽

脱毒苗的移栽一般使用的基质有珍珠岩、蛭石、壤土和泥沙的混合物等，对于大多数植物而言，幼苗生长健壮，并有良好的根系，移栽的成活率也较高。也有一些植物如大蒜、石刁柏等按一般的移栽方法，成活率很低，而采用改变移栽季节，即由原来的3—4月份移栽改为11—12月份移栽，加大了昼夜温差，脱毒苗的移栽成活率陡然上升，并且只要每个小苗带有1~3条根，直接移栽于节能日光温室中，成活率就会由原来的百分之几上升到95%以上。

4. 脱毒苗的田间管理

脱毒苗移栽于大田后，一定要细心管理，才能成活，特别要严防病毒的再感染，前功尽弃，必须再度从剥取茎尖开始，重新脱毒。一般应注意以下几个环节。首先要选好种植区，最好选择在地势较高，气候凉爽的地方，这里虫害少，有利于脱毒苗的生长和繁殖。其次还要求脱毒苗种植在隔离网室中，以防蚜虫进入，如有必要，栽培床的土壤还要消毒，周围环境也要整洁并及时打药。保证脱毒材料与病毒源严密隔离。另外还应注意的是，不要在同一块地连年重作，实践证明，在新种植区或种植规模小的地方，再感染所需的时间较长，在重作区或种植规模大的地方，短时间内就可能重新感染。总之，要根据当地的实际情况采取相应的措施，以保证脱毒苗健康繁殖。

菊花的茎尖培养脱毒技术

1. 培养基的配制与灭菌

（1）配制 500mL 的 MS 培养基：大量元素 50mL，微量元素 2.5mL，铁盐 2.5mL，有机成分 2.5mL。生根：1/2 MS+NAA0.02mg/L+IBA0.02mg/L+蔗糖 30g/L+琼脂 7g/L（pH 5.8 500mL）；继代增殖：MS+ NAA0.1mg/L+6-BA1.0mg/L+蔗糖 30g/L+琼脂 7g/L（pH 5.8 500mL）。将配制好的培养基趁热分装至锥形瓶里，封口，贴上标签。

（2）灭菌：温度 121℃灭菌 30min，包括培养基，镊子，解剖刀，蒸馏水，小烧杯，培养皿等。

2. 脱毒苗的生根培养

接种前将培养基及接种用具放入超净工作台台面，打开超净工作台紫外灯及接种房间紫外灯，照射约 30min，然后关闭紫外灯。打开房间换气扇及微开超净工作台的玻璃挡板，通风 20min 后，即可进行无菌操作。将脱毒苗在超净工作台上接种于培养基中，生根的苗要带叶，继代生根的苗只留两个节茬不留叶子。封口，标上日期，在温度 24℃±1℃，光照强度 1000~1500Lx 的培养室里培养 15d。

3. 脱毒苗的炼苗与移栽

将生根情况较好的准备炼苗，第一天拆开培养瓶的绳，第二天开一点小口，第三天完全敞口，让组培菊花苗逐渐适应环境条件，第三天晚上进行移栽，将菊花苗移出锥形瓶，用水冲洗去黏附的培养基，待菊花苗有轻微的萎蔫时移栽入配制好的基质（珍珠岩∶沙子∶土＝1∶1∶1 混匀）中，一次性浇透水。在室内培养，定期浇水，通风。

茎尖培养可能出现褐化、玻璃化等现象，这会严重影响植物的成活率。在培养基中加入活性炭或与维生素 C 配合使用均能改善外植体褐变情况；采用强光 10000~20000lx，在培养中提高糖和琼脂的浓度，降低细胞分裂素的用量，对克服玻璃化有一定效果。

思考练习

1. 茎尖培养脱毒剥取的茎尖适宜什么样的大小？
2. 怎样降低组培的污染率？

任务二 | 切花的采收与保鲜

【任务情境】

企业年会需大量优质鲜切花，主办方对此次活动非常重视，要求切花种类和颜色齐全、数量大、品质好，因活动需持续三天，所以对鲜切花的保鲜工作有较高的要求，请某切花生产企业提供符合要求的鲜切花及养护措施。

【任务分析】

高端企业年会对鲜切花的要求较高（图 3-3），完成该生产任务，对各类切花、切叶、切枝花卉生产管理能力要求高，对鲜切花采收和鲜切花产品的保鲜技术熟悉掌握。

图 3-3　庆典花艺

知识链接

一、切花的含义及应用

整枝切取鲜花而用于插花装饰或花艺设计的花卉，统称鲜切花。可分为切花、切叶、切枝，适用于制作花束、花篮、瓶插、艺术插花等，具有观赏价值。切花植物有月季、康乃馨、菊花、唐菖蒲、马蹄莲、鹤望兰、百合等；切叶植物有散尾葵、肾蕨、天门冬、蒲葵、龙血树等；切枝植物有龙柳、银芽柳、梅花、桃花、蜡梅等。

鲜切花的视觉效果好，种类多，富于变化，虽然观赏期较短，但通过艺术的手法能迅速形成有生命力的艺术效果，用以表达思想，装饰环境，在社会生活中应用越来越广泛。

二、切花生产的方式

切花的主要生产方式有露地栽培和保护地栽培两种。露地栽培季节性强，管理粗放，成本低，切花的质量难保证。保护地栽培可调节栽培环境，产量高，质量好，可周年供应。保护地栽培是目前鲜切花生产的主要方式。

三、切花品质

切花生产中，切花的品质决定经济效益，生产者选择切花品种可以从切花观赏效果、种植难度、保鲜时间几个方面考虑。

切花的观赏效果主要是花大色艳、花茎茁壮，符合消费者的观赏需求。种植难度包括切花生长过程中的抗逆性、产量等。鲜切花的保鲜时间直接关系到经济价值，生产者理想的切花品种具有开放速度慢、花期长、耐贮运、瓶插时间长的特点。

技能训练

切花的采收及保鲜

一、实训目的

通过实习，使学生熟悉切花产品的制作流程、掌握采收方法、采后处理及保鲜贮藏技术。

二、主要仪器与试材

（1）材料 校外或校内生产基地栽培的切花、保鲜剂
（2）工具 枝剪、捆扎线绳、药品、量筒、天平、烧杯、玻璃棒、冷藏箱等。

三、实训内容与技术操作规程

1. 切花的采收

切花属于极娇嫩、易腐烂产品，采收期不当、采后操作粗放，运输过程中过度失水，温度过高，有害气体积累等都会引起不同程度的花朵不正常开放、萎蔫、花瓣脱落、黄化变色、花枝腐烂等，直接影响切花观赏性。

不同的切花保鲜技术不同，在采前管理、采后处理和保鲜技术上有很大区别，但原则上大致相同。

适当的时机进行采收，切花在采收过晚则缩短观赏时间，过早则不能正常开放。采收什么状态的切花对于不同的种类、不同的季节、运往不同的市场都需作出相应的调整。如鲜花在高温季节运往距离较远的市场，则可较早采收，延长其贮运时间；如在低温近距离

运输，则稍晚采收，保证其正常开放。

为保持切花有较长的瓶插时间，大部分都尽可能在蕾期采收。蕾期采收具有使切花受损伤少、便于贮运的优点，适合蕾期采收的切花有月季、香石竹、菊花、百合、小苍兰、唐菖蒲等。热带兰、红掌、非洲菊则不宜在蕾期采收。

采收应该避开高温强光照为原则，上午 10 点前，傍晚 5 点后都可进行采收，采后立即放入水中吸水调整，防止失水萎蔫。置水设备要保证清洁，放入清洁的水，最好为蒸馏水或去离子水，以免杂质堵塞导管。

2. 切花的采后保鲜

切花采后保鲜包括预冷、预处理、分级、包装四个步骤。四个步骤的先后顺序可根据生产基地情况和花卉种类做出适当调整。

预冷是将鲜切花采收后立即送入冷库进行冷处理，温度一般 0~4℃，处理时间 2~4h。目的是快速去除切花的田间热和呼吸热，延缓生命过程，抑制乙烯的产生。预冷的方法很多，最简单的就是在田边设立冷室使花枝散热。也可进行水冷或气冷。

预处理是用含糖、杀菌剂、活化剂和有机酸等化学溶液中短期浸泡处理花茎。目的是减少切花损耗率，阻止乙烯产生，保证花枝正常开放，延迟花期。预处理液根据切花种类不同，成分不同，常用的是蔗糖和硫代硫酸银溶液。以月季为例，可用 10% 左右的蔗糖处理 4h。

分级就近进行，月季一类娇嫩的切花需先进行预冷，康乃馨等较耐贮运的切花可以先分级再预冷，分级一般按照有关行业标准进行，也可根据订货要求、市场标准进行初分级。分级同时剥掉基部 10~15cm 叶片，挑出畸形、病虫害花朵，挑选长度、花苞基本形状一致的，整理、分级、捆扎。我国农业部门已先后制定颁布了菊花、月季、满天星、康乃馨等切花的产品质量分级、检验规则、包装、标志、运输和贮藏的技术要求及标准，可作为切花生产、批发、运输、贮藏、销售等各个环节的质量标准和产品交易标准。

包装的目的是尽量减少鲜花运输时的机械损伤和水分流失，保持最佳状态，包装材料和方法根据花卉种类而定。如月季选用较硬的瓦楞纸和带透气孔的塑料纸包装，康乃馨一般用普通白纸，包装好后将参差不齐的茎干切割整齐。包装规格一般按照市场要求，按一定数量捆扎，也有按照重量捆扎的，如满天星、多头菊等。

高级技术

切花的保鲜及贮运

低温冷藏是延缓衰老的有效方法。一般切花冷藏温度为 0~4℃；一些原产热带的花卉种类，如热带兰、一品红、红掌等对低温敏感，需要贮藏在较高温度中。冷藏中相对湿度也很关键，相对湿度 90%~95% 可以保证切花贮藏中和贮藏后的开放率。如香石竹在饱和湿度贮藏后开放率是相对湿度 80% 贮藏后开放率的 2~3 倍。保持较高的空气湿度，一方面尽量减少贮藏室的开门次数，另一方面在包装时可采用湿包装。

常见切花贮藏温度见表 3-1。

表 3-1   常见切花贮藏温度

切花名称	贮藏温度/℃		约可贮藏天数/d	
	最低干藏	最高湿藏	最低干藏	最高湿藏
菊花	0	2~3	20~30	13~15
香石竹	0~1	1~4	60~90	3~5
月季	0.5~1	1~2	14~15	4~5
唐菖蒲	—	4~6	—	7~10
非洲菊	2	4	14	8
红掌	—	13	—	14~28
香雪兰	0~1	—	7~14	—
紫罗兰	—	1~4	—	10
补血草	—	4	—	1~2

切花贮藏中使用保鲜剂也可以延长保鲜时间。保鲜剂主要的作用是：补充养分、抑制微生物的繁殖、抑制乙烯的产生和释放、抑制切花体内呼吸酶的活性、防止花茎的生理阻塞、减少蒸腾失水、提高水的表面活力等。

常见的保鲜剂成分有：

（1）水　可用去离子水或蒸馏水，pH 3~4 以便限制微生物繁殖。如用自来水要提前放置挥发氯气。

（2）糖类　葡萄糖、蔗糖、果糖。为切花提供所需营养来源，保持花色鲜艳。短时间浸泡的预处理液糖浓度相对较高，长时间连续处理的瓶插保鲜液糖浓度相对较低。

（3）杀菌剂或抗菌剂　8-羟基喹啉、缓慢释放氯化物、季胺化合物、噻苯咪唑。切花保鲜中起到杀菌防腐的作用。

（4）表面活性剂　聚氧乙烯月桂醚、次氯酸钠、吐温-20 等。可促进花材吸收水分。

（5）植物生长调节剂　BA、GA、ABA。通过调节激素之间的平衡来达到延缓衰老的目的。

（6）无机离子和可溶性无机盐　硫代硫酸银、醋酸银、硫酸铜等。抑制菌类繁殖，增加细胞的渗透，促进水分平衡，抑制乙烯的形成。切花保鲜剂根据切花种类不同，最适合的成分和浓度不同。

常见切花的保鲜剂见表 3-2。

表 3-2   常见切花的保鲜剂

切花名称	保鲜剂成分及浓度
月季	蔗糖 3%+硝酸银 25mg/L+8-羟基喹啉硫酸盐 130mg/L+柠檬酸 200mg/L
香石竹	蔗糖 5%+8-羟基喹啉硫酸盐 200mg/L+醋酸银 50mg/L
菊花	蔗糖 3%+硝酸银 25mg/L+柠檬酸 75mg/L
唐菖蒲	蔗糖 3%+8-羟基喹啉硫酸盐 200mg/L
非洲菊	蔗糖 3%+8-羟基喹啉硫酸盐 200mg/L+硝酸银 150mg/L+磷酸二氢钾 75mg/L
百合	蔗糖 3%+8-羟基喹啉硫酸盐 200mg/L

切花的运输是切花生产、经营中的重要环节之一。切花不耐贮运，运输环节中的失误往往会造成经济损失。为使切花在运输过程中保持新鲜，可按品种习性适当提早采收，采收后离开温室，包装前进行必要保鲜处理。有条件的话，应配备专用的保鲜袋、保险箱和调温、调湿的交通工具，如带营养液冷链运输。适当降低运输途中的温度，特别是长途运输时更为重要。

良好的市场体系是缩短运输时间、减少损耗的又一个关键环节。在一定范围内形成合理的销售网络，以最快的速度将切花发往各级市场、零售花店，保证切花芬芳艳丽地走进千家万户。

月季切花采收及保鲜技术

1. 采前管理

采前切花的管理是提高切花品质、延迟其贮运观赏时间的关键环节，影响因素包括：

（1）光照　采前光照影响切花采收营养的供应，月季在强光照下花瓣边缘发黑，产生日灼现象，需适度遮阴。

（2）花形控制　切花月季开放较快，为避免采收前绽放，在花蕾成形、萼片完全展开后可将花朵用网罩住，限制开放。罩网不影响花朵膨大，罩网去掉，花朵照常开放。

（3）温度湿度　采收适温是 20~25℃，可避免呼吸作用过强。空气相对湿度 65%~85%，延缓花朵新陈代谢速度，减少能量损耗，水分蒸发。

（4）施肥　月季花蕾未显色前 5~7d 施肥，保证切花质量。

（5）灌水　合理浇灌增加切花寿命，切花采收前要保证花茎水分饱满，降低新陈代谢速率，延长观赏寿命。

（6）病虫害　花枝携带病虫害使叶片脱色，加快切花失水，使花朵萎蔫，影响开放质量和观赏寿命。切花采收前防治病虫害很关键。

（7）其他　温室烧煤加热会产生乙烯气体，已授粉的花朵、枯败腐烂的植物也会产生大量乙烯，促使花卉早衰，所以保持温室环境清洁卫生，清除腐烂茎叶、枯萎花朵，保持空气清新、环境卫生对切花保鲜都很重要。

2. 采收

月季切花一般掌握花朵绽开 1/4~1/3 时采收，罩网限制开放的月季也可从花蕾顶部观察，一般内层花瓣可见，即可采收。采花时间以上午 9 时前或下午 5 时后为宜，避开高温强光照为原则，采收同一批次开放度一致的鲜花。

3. 采收方法

在花枝基部离地面 8~10cm 切取，切面呈 45°斜面便于切花离体吸收水分。采后尽快放入清水中进行调理，防止切花萎蔫。

4. 采后处理

月季花朵娇嫩，采后先在 4~8℃预冷 2~4h，然后进行分级，并去掉茎干上多余的叶片和刺，月季选用较硬的瓦楞纸和带透气孔的塑料纸包装，包装好后将参差不齐的茎干切割整齐，包装好后在预处理液中浸泡 4h。

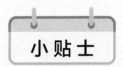

家庭切花保鲜小技巧：剪刀进行消毒，剪去切花 2~3cm 花茎，剪口呈 45°斜面，将自制保鲜液（清水+2%蔗糖+1‰食盐+1%白酒）倒入花瓶 10~15cm，切花插入花瓶，不要摆放在阳光直射处。

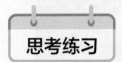

1. 切花栽培的特点及主要方式？
2. 切花保鲜的主要方法有哪些？

任务三 | 切花的栽培管理

【任务情境】

重庆市城区某花店每年需大量鲜切花用以节日花束、庆祝花篮、会议用花等，需切花种类多、量大，对切花的品质和新鲜程度要求高，请某鲜切花生产基地长期供应品质好、贮藏时间长的市场流行切花种类（图 3-4）。

图 3-4 鲜切花供应

【任务分析】

该花店需月季、香石竹、菊花等鲜切花以及切叶、切枝等花卉产品的周年不间断供应，完成该生产任务要对鲜切花市场有一定的了解、具有鲜切花生产管理能力和鲜切花保鲜技术和鲜切花贮藏运输能力。

知识链接

一、切花菊生产技术

菊花是菊科菊属宿根花卉，是原产于我国的传统名花，也是世界上销量最大的切花之一（图3-5），占鲜切花总产量的30%，与月季、香石竹、唐菖蒲合称四大切花。

1. 形态特征

图3-5　切花菊

株高20~200cm。茎色嫩绿或褐色，除悬崖菊外多为直立分枝，基部半木质化。单叶互生，卵圆至长圆形，边缘有缺刻和锯齿，叶背有绒毛，叶表有腺毛，能分泌菊香。头状花序顶生或腋生，一朵或数朵簇生。舌状花为雌花，筒状花为两性花。花序的颜色、形状、大小变化很大，色彩丰富，有红、黄、白、墨、紫、绿、橙、粉、棕、雪青、淡绿等。花期因品种而宜。

切花菊的形态要求茎干粗壮挺拔，节间均匀，叶片肉厚平展，鲜绿有光泽，花色鲜艳，花型丰满，花瓣质硬，花朵大小适中，适合长途运输和贮存，耐瓶插，吸水后可挺拔复壮的品种。

2. 品种类型

（1）按照自然花期分类　夏菊：自然花期5—9月中旬，属于积温影响开花型，对日照不敏感，花芽分化温度10℃。秋菊：自然花期9月中旬—12月，属于短日照花卉，花芽分化温度15℃，在温度适宜条件下日照时间短于某一界限值时，才能花芽分化，正常开花。寒菊：花期在12月—翌年1月，属于短日照花卉，花芽分化温度为6~9℃。

（2）按照花的形态分类　独头菊：一个茎干上只留一个花蕾，花朵直径一般8~15cm。小菊：一个茎干上有多个花蕾，一般留5~7个，主蕾和侧蕾长势均衡，花期接近，呈伞形花序。多头菊：一个茎干上有多个花蕾，一般留10多个，主蕾发育后期长势逐渐衰弱，侧蕾发育旺盛并逐步取代主蕾，形成伞房花序。

3. 生态习性

菊花属于浅根性作物，要求土壤通透性和排水性良好，且具有较好的持肥保水能力以及少有病虫侵染的沙壤土。需水偏多，但忌积涝，土壤pH适宜范围6.3~7.8，以弱酸性为最好。喜阳光充足，有的品种对日照特别敏感。生长适宜温度15~25℃，较耐低温，10℃以上可以继续生长，5℃左右生长缓慢，低于0℃地上部分易受冻害，根系可耐-10℃低温，不被冻死。

4. 繁殖技术

切花菊多用嫩枝扦插繁殖，也可采用组培脱毒快繁技术。扦插技术的关键是选取生长发育良好的母株取插穗。繁殖采穗的母株选花厚根叶健壮者，3月下旬在向阳排水良好处种植，打顶促进多萌侧芽。采穗长度5~10cm，约3~4节，扦插时去掉下部叶片，只留

2~3片展开叶，穴盘或苗床扦插，扦插深度2~3cm，浇水保持湿润。每个母株采3~4次插穗后淘汰，否则影响插条质量，减弱切花植株生长趋势。扦插后保持15~20℃，温度高插条腐烂，温度低不易生根。一般15d生根，30d可移栽。秋菊可在5—6月扦插，夏菊在12月—翌年1月扦插，寒菊6—7月扦插。

5. 栽培管理

（1）整地作畦 切花菊生长旺盛，根系强大，植株高度可达到90~150cm，要求土壤肥力高。可在整地的时候施入腐熟有机肥，一般5kg/m²，土壤理细，做南北向高畦，高15cm，长10~20cm，宽1.0~1.2cm。

（2）立柱、架网 切花菊茎干高，生长期长，易产生倒伏、茎干断裂现象，在生长期确保茎干挺立，生长均匀，必须立柱架网。在苗床上铺设网眼为10cm×10cm的尼龙支撑网，网面要绷紧，使每一个网眼呈正方形，网的两端立柱要稳。切花菊生长过程中随时调整网格和植株的位置，防止倒伏。植株生长到30cm，架第二层网；出现花蕾，架第三层网。

（3）定植 定植前应对定植苗进行分选，把病、残苗除掉，把壮苗和细、弱苗分开进行定植，一般把壮苗定植在畦中间，弱苗定植在畦两边，边上通风透光好，这样很快能使定植苗生长势保持一致。定植时要求种苗茎部埋入土里2cm，使根系舒展，与土壤接触紧密，株行距10cm×10cm，每个网眼定植一苗，植于网格中心。定植后立即浇水，浇水量要大，同时用遮阳网进行遮阴。浇水后，马上进行扶苗、补苗。

（4）摘心、整枝、摘蕾 当切花菊苗长到10cm时，需进行摘心，促发3~5个侧枝，适时摘心，并对侧枝去弱留强，减少养分不必要消耗。现蕾后独头菊的侧蕾要剥除，仅保留植株顶端的主蕾。多头菊和小菊一般不摘蕾。

（5）肥水管理 切花菊生长期需保持土壤湿润。生长期水分不足，导致叶片萎蔫、失去光泽、茎干细弱，重量不足；生殖期水分不足，易造成花芽分化不良，舌状花瓣数减少，花瓣短小。菊花喜肥，现蕾前每10~15d追复合肥一次，生长后期可增施磷钾肥提高切花质量。追肥以薄肥勤施为宜。

6. 切花采收

采收应根据气候、贮藏时间、运输地点等综合考虑，独头菊的采收标准有四个开花指数：

开花指数1：舌状花序紧抱，其中1~2个外层花瓣开始伸出，适合于远距离运输和贮藏。

开花指数2：舌状花外层开始松散，可以兼作长距离和近距离运输。

开花指数3：舌状花最外两层都已开展，适合于近距离运输和就近批发。

开花指数4：舌状花大部分开展，必须就近尽快出售。

多头菊一般在中枝上的花盛开，侧枝上有2~3朵透色时采收。

7. 花期调控

（1）电照栽培 主要用于典型的短日照秋菊品种的抑制栽培，通过电照抑制茎顶端花芽分化，延迟开花。当自然日照短于13.5h后就应进行电照补光。补光时间可根据日长的缩短而逐渐加长，一般8—9月每夜电照2h，10月以后每夜电照4h。补光一般是在夜间11时到第二天凌晨2时。停止电照，植株可转入生殖生长，进行花芽分化，60~70d后即可开花。电照装置为每3m悬挂一盏100W的高压钠灯或白炽灯，高1.5m。

（2）遮光栽培 遮光栽培和电照栽培是相对应的，当自然日长远远高于栽培品种的临界日长时就应对栽培品种进行遮光处理。主要用于短日照秋菊的促成栽培，促进花芽分化，提早开花。遮光处理必须使棚室内光照强度小于5lx，才可有效促进花芽分化。一般典型秋菊遮光时间可在开花目标前 60d，株高 35~45cm 时处理为宜，每日保持短日照 10h 以下，傍晚 5 时开始遮光，凌晨 7 时左右掀开遮光材料。

二、香石竹生产技术

香石竹又名康乃馨（图 3-6），是石竹科石竹属的多年生草本花卉。原产于欧洲南部地中海沿岸，是世界上最大众的切花之一，占切花总量的 17%。香石竹单位面积产量高，便于包装运输，容易贮藏保鲜，可周年生产，装饰效果好，应用广泛。

图 3-6　香石竹

1. 形态特征

为多年生草本植物。株高 30 ~ 100cm。多分枝，茎直立，基部半木质化。整株被蜡状白粉，呈灰蓝绿色。茎圆筒形，节部明显膨大。叶对生，线形至广披针形、质厚，先端常向背微弯。花单生或 2~6 朵聚生枝顶，有短柄，芳香。萼片相连成筒状，萼端 5 裂，花瓣扇形，花朵内瓣多呈皱缩状，多重瓣，花径 2.5~9cm。花有白、桃红、玫瑰红、大红、深红至紫、乳黄至黄、橙色等并有多种间色镶边的变化。

2. 品种类型

（1）按花朵数目和花茎大小分为：单花型，花大，每枝上着生 1 朵花；多花型，主枝有数朵花，花茎较小，花中小型。

（2）根据对环境的适应及性状表现分为夏季型和冬季型。

（3）主要品种按其来源分为：美国香石竹，原产美洲，适应性强，生长旺盛，节间较长，叶片较宽，但耐寒性差，适宜温室栽培；地中海香石竹，原产意大利法国，适应性强，节间短，叶片狭长，不易裂苞，较耐低温，产量高。近年栽培切花多采用两者杂交品种。

3. 生态习性

喜冬季温暖，夏季凉爽的环境。喜干燥、通风良好，日照充足。夏季高温多雨则生长快，茎干细弱，花小。中日性花卉，一年四季除炎热夏季外均可开花。适宜生长温度为 15~21℃。日夜温差需控制在 12℃ 以内，否则容易造成花萼开裂。香石竹喜疏松、排水良好、保肥及腐殖质丰富的土壤，适宜 pH 为 5.6~6.5。

4. 繁殖技术

一般以组织培养方法获得脱毒苗，然后用扦插法繁殖。插穗选取母株下部侧枝，于节处掰下，并除去基部叶片。扦插适期为 12 月—翌年 2 月，也可于秋季扦插。扦插深度 1.0cm，株距 1.2cm。可使用萘乙酸促进生根，插后压紧浇足水分。在夏季炎热地区香石竹的栽培只能采取一年制，初夏定植至翌年初夏拔除。在夏季凉爽地区第二年的植株如没有明显病毒症状，可以继续留床采花至第三年初夏。

5. 栽培管理

（1）种苗选择　选择茎粗节密，叶片厚实浓绿，密被蜡质，无病虫的脱毒组培苗进行种植。

（2）定植　香石竹属须根系植物，喜肥不耐水湿。尽可能浅栽，逐株充分灌水，在植株没有明显生长前，不要浇湿全部床上。一年制株行距可为 12.5cm×15cm 或 15cm×15cm，二年制则可 15cm×20cm。忌连作。定植时间主要根据采花期决定，通常从定植到开花需110~150d。栽植时要遮阴，防止太阳暴晒萎蔫。

（3）肥水管理 种植时使用充足的基肥，大约占总需肥量的1/3，可施有机肥4.5t/hm²。追肥宜淡而勤，前期氮肥为主，中后期需增加磷、钾肥，在9—10月与3—4月的生长旺季，需大量补充养分。香石竹栽培需要重视硼元素的施用，缺硼植株矮小，节间短缩，茎干产生裂痕，茎基肥大，易断，叶片外卷，叶脉中间紫色，顶芽不能形成花蕾，花茎分枝异常。花期缺硼花瓣发生褐变，花蕾败育。土壤pH过高，施用钾、钙肥过量，干燥缺水等都会引起硼元素的缺乏。所以在香石竹的生产过程中需要注意硼元素的补充，使用量 750~7500g/hm² 硼酸。

（4）温度和光照的管理 通风透光的栽培环境可提高切花的品质。香石竹适合冷凉的环境，最适温度15~21℃。夏季需采用遮阳网及喷雾降温，冬季需保温和升温，使夜温在5~12℃范围内，才能保证切花生产。香石竹原种属长日性植物，栽培品种多为中日性，每日16h的光照利于营养生长与花芽分化，提早开花，提高产量和品质。

（5）摘心 摘心可使植株多分枝，是栽培的重要措施之一。香石竹摘心可分为1次摘心法、2次摘心法、1.5次摘心法。1次摘心法在植株长到6、7对叶时摘心，留3~4个侧枝。摘心后开花最早，出现两次采收高峰。2次摘心法在主茎摘心后，侧枝生长到5节左右，对全部侧枝再进行1次摘心，单株形成花枝数6~8枝，摘心后同一时期内形成较多花枝，第一批采收较集中，第二批花枝较弱。1.5次摘心法在第一次摘心后，第二次摘心时只摘一半侧枝，另一半不摘，摘心后可提早开花，又均衡供花，开花分两期。

（6）张网、剥蕾、剔芽 种苗种植后1~2d用尼龙绳编织网格架设支撑网，共安3~4层，以后随植株长高，顺序拉上各层，并经常调整网格，把茎干拢到网格中，通常第一层离地面15cm，其他各层网之间相距25cm。

香石竹摘心后萌发的侧芽，除保留3~6个作为开花枝外，其余健壮的侧芽可打下作为插穗，以繁殖下一代用。开花枝上的花蕾，留下最顶端的一个，其余的摘除。多头香石竹除外。

6. 切花采收

单枝大花型的香石竹的采收标准有4个开花指数：

开花指数1：花萼开裂，花瓣伸出花萼不足1cm，呈直立状，适合于远距离运输和贮藏。

开花指数2：花瓣伸出花萼1cm以上，且略有松散，可以兼作远距离和近距离运输。

开花指数3：花瓣松散，小于水平线，适合于近距离运输和就近批发。

开花指数4：花瓣全面松散，接近水平，须就近尽快出售。

多头型香石竹一般在花枝上2朵开放，其余花蕾显色时采收。

7. 香石竹栽培中需要注意的问题

（1）防裂萼 香石竹的大花品种开花时花萼易破裂，失去商品性。一般裂萼与温度、土壤水分的关系很大。在成花阶段，持续低温，昼夜温差大，冬季浇水施肥过多，氮、磷、钾三种元素不均衡都会使花瓣生长速度超过花萼，过多的花瓣挤破花萼，造成花萼破裂。

（2）防花头弯曲 花芽分化期无机肥用量过多，营养过剩或光照不足，都会出现花头弯曲的现象。

（3）防盲花 由于环境条件变化较大，花芽发育受阻，花器出现枯死症状，形成盲花。主要原因有低温和营养不良造成的生理障碍，花蕾期遭受0℃以下的低温后又急速升温，引起花瓣畸形或败花；在花芽分化期缺硼产生无瓣的畸形花，缺钙造成花蕾枯死。

（三）切花月季

月季为蔷薇科蔷薇属灌木花卉（图3-7），其消费量约占全世界切花消费量的16.7%。人们常将月季称为"玫瑰"，实为误称。月季、玫瑰、蔷薇都为蔷薇科蔷薇属，是不同的植物。三者的区别在于：

图3-7　切花月季

①枝叶。三者均为丛生灌木，茎枝有刺，羽状复叶。蔷薇枝细软，可攀援，不直立，多被皮刺，无毛。小叶5～9枚，叶面光滑，边缘有裂锯齿；玫瑰茎直立，丛生，体态粗放，密生刚毛和倒刺。小叶7～9枚，叶脉凹陷而皱缩，背面稍有白粉及柔毛，色淡无光泽，边缘有钝锯齿；月季大花品种粗壮直立，刺大，小花品种茎细软，刺小，体态端庄。小叶3～5枚，叶色深绿，平展无皱，有光泽，边缘有锐锯齿。

②花。花均生于当年生新枝顶端。蔷薇花小密集，圆锥状花序，白色或粉红色，单季开放，花期5—6月；玫瑰花单生或3～6朵簇生，花瓣平展，多为红色，少有粉色或白色，香味浓，花期4—5月；月季花单生或数朵簇生，花瓣反卷，色多，有白、红、粉、紫、黄和绿等色，各色有深浅之分，四季开花，盛花期为5—10月。

③果。蔷薇果实球形，成熟为橙色；玫瑰的果实扁圆，成熟后呈砖红色；月季的果实为圆球形，较大，成熟后为橘黄色。

④用途。蔷薇应用于庭园栽培或垂直绿化；玫瑰应用于庭园栽培或专类玫瑰园栽培，提取玫瑰香精或玫瑰油；月季主要用于鲜切花栽培或用于盆栽、庭园栽培观赏。

1. 形态特征

半常绿或落叶灌木。茎直立，具刺。叶互生，奇数羽状复叶，小叶椭圆形或卵圆形，叶缘锯齿，叶面平整，有光泽。花单生或丛生呈伞房花序。花大小形状因品种而异，花径4～12cm，花瓣倒卵形，花色有橙、紫、黄、粉、白、绿等色。果实球形或壶形，红色略带黄色。种子栗褐色。

月季品种繁多，用作生产切花的月季品种一般具有以下形态特征：

（1）花型优美，高心卷边或高心翘角，特别是花朵开放1/3～1/2时，优美大方，含而不露，开放过程较慢。

（2）花瓣质地硬实，花朵衰败慢，花瓣整齐，无碎瓣。

（3）花色鲜艳、明快、纯正，不发灰，不发暗。

（4）花枝长，花梗硬挺，不下垂，茎干刺较少。

（5）叶片大小适中，叶面平整，有光泽。

（6）有一定抗热、抗寒、抗病能力。

（7）生长能力旺盛，萌发率高，耐修剪，产花率高，大花型品种每平方米年产花80～

100 枝，中花型品种年产花达 150 枝。

2. 品种类型

月季品种类型非常复杂，且在育种中不断更新换代。有单花型月季和多花型月季；有大花型、中花型、小花型和微花型；色系全，以红、粉、黄、白为主。由于市场需要红色月季居多，通常栽培时红色、黄色及其他色系的品种数量比为 3∶1∶1。

3. 生态习性

月季喜向阳、背风、空气流通的环境，最适温度白天为 20~25℃，夜间为 13~15℃，有一定的耐寒力，在我国北方大部分地区栽时需埋土保护越冬，其他地区可露地自然越冬，盛夏季节多停止生长，虽能在 35℃ 以上的高温生存，但易发病害。最适生长相对湿度为 75%~80%，相对湿度过大，则易生黑斑病和白霉病。土壤要求排水良好，具有团粒结构的土壤，pH 6~7，耐肥力强，需经常补充肥料提高切花品质和产量。

4. 繁殖技术

切花月季一般采用扦插、嫁接和组织培养的方法进行繁殖。

（1）扦插繁殖 易生根的品种，如小花型宜用扦插繁殖。有些大花品种不易生根，尤其是黄色系、白色系品种一般不采用。扦插一般在春秋两季进行，春插一般在 4 月下旬至 5 月底，秋插从 8 月下旬至 10 月底都可进行。剪取花后半成熟枝条，每 3~4 芽为一段。保留枝条顶部 2 片小叶，基部可用 200mg/L 的 NAA 速蘸。插入深度为插条长的 1/3~1/2。扦插后扣塑料小拱棚保湿，温室用草帘或遮阳网遮阴。保持插床温度 20℃ 左右，气温 15℃ 左右。插后 25d 左右视生根情况逐步去掉遮阴，并适度增加通风，根长 5~10cm 即可移栽。

（2）嫁接繁殖 选用抗性强，根系发达，生长旺盛的野生月季的扦插苗或实生苗做砧木。芽接在 5 月或 9 月进行，嫁接前 1 天，采取花后的充实枝条，长约 30cm，留叶柄剪取叶片，剪掉皮刺，浸泡于水中备用。一般采用"T"字形芽接法，芽接部位应当朝同一方向，以便进行检查。枝接在 2—3 月进行，主要采用切接，一般砧木粗 9~13mm，接穗 3~8mm 时，便可嫁接。

（3）组培快繁 取幼嫩茎段为外植体，以腋芽培养和茎段培养为继代增殖，快繁幼苗。

5. 栽培管理

（1）环境选择准备 适宜环境为阳光充足、地势高、排水良好、通气、具有良好团粒结构的肥沃土壤。深翻 40~50cm，施足有机肥，调整 pH 至 6~6.5，并进行消毒杀菌。

（2）苗木选择 目前我国切花月季苗木主要有两类：嫁接苗、扦插苗。嫁接苗根系发达，长势旺，成苗迅速，但种苗繁殖周期长，技术要求高，栽培过程中需要经常去除砧木上的萌芽。扦插苗在根系发达程度、生长势、成苗速度等方面均不如嫁接苗，但种苗繁殖周期短，技术要求低，采用加大密度，加强肥水管理等措施，也可产出符合当前国内市场要求的切花。

（3）定植 温室切花月季定植时间最好在 5—6 月，经过 3~4 月的培育，至 9—10 月份开始产花。定植密度因品种、苗情和环境而异。每 100m² 栽植 700~900 株。株行距常用 30cm×30cm。新栽的植株要修剪，留 15cm 高，尤其是折断的、伤残的根与枝要剪掉，顶芽一定要饱满。定植深度决定于表面用不用覆盖，芽接的接口部分需离土面 5cm。栽后几天要经常喷雾，保持地上枝叶湿润。

定植后 3~4 个月为营养体养护阶段。随时将产生的花蕾尽早摘除。嫁接苗从接穗上萌发的枝条根据长势强则留双，弱则留单。第二次萌发枝条后则应留 2~3 枝作开花母枝，对开花母枝留 50cm 打顶，从其上萌发枝条为开花枝。

（4）肥水管理 定植初期的水分管理，应使土壤间干间湿，肥料以氮肥为主，薄肥勤施，促成新根。进入孕蕾开花期，肥水需求量增大，增施磷钾肥，减少氮肥。土壤应经常保持湿润状态，两三天浇水一次。切花月季在生长过程中需要比较均衡的肥料，通常是把月季所需的大量元素和微量元素配成综合肥料施用。浇水最好用滴灌，若用软管浇水，管口要紧贴地表，中压喷洒，尽量不要淋湿叶片。

（5）修剪与摘心　整枝修剪是切花月季栽培管理中的重要环节。修剪多在秋冬季进行，夏季一般只摘蕾，不修剪。冬季修剪待月季进入休眠期后进行，最晚不超过 2 月份，目的是修整株型，控制高度。秋季修剪在月季生长季节进行，目的是促进枝条发育，更新老枝条，控制开花期，决定出花量。在月季生长过程中，也需要及时除去开花枝上的全部侧蕾和侧芽，抹去砧木上的萌芽，摘除细弱枝条上的花蕾，剪除病枯枝叶，剪取切花应在枝条基部以上 8~10cm 处剪断。

生长初期摘心是为了调整株型，开花期以后摘心可控制花期。在新梢生长到 15~20cm 时，将顶部去掉 3cm 左右，从而促进侧芽生长成为侧枝，到一定长度仍要摘心 1~2 次，直到全株的主枝、侧枝的数量足以产生大量的花朵为止。

6. 切花采收

切花月季的采收标准有 4 个开花指数：

开花指数 1：花萼略有松散，适合于远距离运输和贮藏。

开花指数 2：花瓣伸出萼片，可以兼作远距离和近距离运输。

开花指数 3：外层花瓣开始松散，适合于近距离运输和就近批发出售。

开花指数 4：内层花瓣开始松散，必须就近尽快出售。

切花月季保鲜期短，质地娇嫩，为了保护花蕾外层花瓣，减少裂蕾出现，降低运输过程中的机械摩擦和控制花朵开放速度，在花蕾完全成型、萼片展开时用网将花蕾罩住。罩网并不影响花朵膨大，把网去掉，花朵可正常开放。

切花非洲菊生产技术

一、实训目的

掌握切花非洲菊的生产技术和切花采收。

二、主要仪器及试材

（1）材料　非洲菊组培苗。

（2）设施用具　大棚（或温室）、有机肥、锄头等。

三、实训内容与技术操作规程

1. 形态特征

非洲菊为多年生宿根草本植物，株高 30~45cm，叶基生，叶柄长，叶片长圆状匙形，羽状浅裂或深裂，叶背有白色绒毛。头状花序单生，花梗长，花径10～12cm，总苞盘状，筒状花较小，舌状花较大，2至多轮，花色丰富，全年开花，春秋两季最盛。

2. 品种类型

非洲菊的花型有窄花瓣型、宽花瓣型和重花瓣型。

（1）窄花瓣型　舌状花瓣宽4.0～4.5mm，长约50mm，排列成1～2轮，花序直径为12～13cm，花姿优雅，产量高，分蘖能力强，花梗易弯曲。

（2）宽花瓣型　舌状花瓣宽5～7mm，花序直径为11～13cm，植株高大，观赏价值高，保鲜期长，是市场流行品种。

（3）重花瓣型　舌状花多层，外层花瓣大，向中心渐短，形成丰满浓密的头状花序，花径10～14mm。

3. 生态习性

非洲菊原产南非，喜温暖、阳光充足和空气流通的环境。生长适温20～25℃，冬季适温12～15℃，低于10℃时则停止生长，低于0℃植株受冻害；当气温高于30℃生长受阻，开花减少。非洲菊喜肥沃疏松、排水良好、富含腐殖质的沙质壤土，忌黏重土壤，宜微酸性土壤，pH在5.5～6.0最合适，在中性土壤中也能生长，但在碱性土中，叶片易产生缺症状。

4. 繁殖技术

非洲菊为异花传粉植物，自交不孕，其种子后代必然发生变异，故生产中采用分株、扦插、组织培养的无性繁殖方法育苗。

分株一般在4—5月进行，将健壮老株掘起切分，每个新株应带4～5片叶，多余叶片去掉，另行栽植。栽时不可过深，以根茎部略露出土为宜，每个母株可分为5～6小株；扦插可用单芽或发生于茎基部的短侧芽分切扦插。

5. 栽培管理

在现代保护地条件下，保证温度、光照等环境条件，非洲菊可做到周年生产供花，如栽培方法得当，每株一年可切取30枝切花。

（1）定植　应选择至少具有25cm以上深厚土层壤土进行定植。定植前应施足充分腐熟的有机肥作基肥，肥料要和定植床的土壤充分混匀翻耕，做成一垄一沟形式，垄宽40cm，沟宽30cm，植株定植于垄上，株距25cm。栽植时应注意将根茎部位略显露于土壤，防止根基腐烂。定植后立即浇水以提高相对湿度，定植最初一个月内温度以20～22℃为宜。苗期避免温度过高和光照过强。

（2）温度管理　应用栽培设施，尽量满足非洲菊苗期、生长期和开花期对温度的要求，以利正常生长和开花，避免昼夜温差过大造成畸形花序。夏季棚顶需覆盖遮阳网，并掀开大棚两侧塑料薄膜降温；冬季外界夜温接近0℃时，封紧塑料薄膜，棚内需增盖塑料薄膜。

（3）光照管理　非洲菊为喜光花卉，冬季需全光照，但夏季应注意适当遮阴，并加强通风，以降低温度，防止高温引起休眠。

（4）灌水　定植后苗期应保持适当湿润并蹲苗，促进根系发育，迅速成苗。非洲菊生长量大，应保持期应供水充足，夏季每3～4d浇一次，冬季约半个月一次。花期灌水要注意不要使叶丛中心积水，防止花芽腐烂。浇水时间清晨和傍晚最佳。

（5）追肥　非洲菊为喜肥宿根花卉，对肥料需求大，但忌土壤高盐。为使非洲菊开花不断，需整个生育期不断追肥，肥料以复合肥为主，追肥时应特别注意补充钾肥。春秋季每5～6d一次，冬夏季每10d一次。若高温或偏低温引起植株半休眠状态，则停止施肥。

（6）剥叶与疏蕾　非洲菊基生叶丛下部叶片易枯黄衰老，应及时清除，既有利于新叶与新花芽的萌生，又有利于通风，减少不必要的营养消耗，增强植株长势。为提高切花的品质，每株非洲菊同一时期应具有3个左右发育程度相当的花蕾，将多余的花蕾摘除，避免养分分散。

6. 切花采收

定植3~4个月即可开始采收切花。非洲菊切花采收应掌握在花梗挺直，外围花瓣展开，花头最外层舌状花瓣和花茎垂直，中部花心外围的管状花有2~3轮开放，雄蕊的花粉开始散出时为适期。非洲菊茎基部易折断，故采收时不用工具，只需握住花茎，轻掰拔起即可。切花质量的优劣极大影响切花的瓶插寿命，切忌在植株萎蔫或夜间花朵半闭合状态时剪取花枝。采后不能缺水，湿贮于相对湿度90%，温度2~4℃条件，为避免包装时损伤展开花瓣，可用塑料或纸固定花头。

高级技术

切花张网设架技术

为确保切花茎干挺拔，生长均匀，定植后对茎干长、易倒伏的切花种类可以进行张网设架，保证花茎不歪曲，以提高切花的质量，菊花、香石竹、百合等都可进行张网设株。在种植床两端固定80cm高度的木桩，按照种植床的长度，将支撑两端的竹竿固定在木桩上，绷紧，柱高1~1.5m，网以尼龙细绳编织，网眼15~20cm见方。当植株定植时，就将网张在植株顶端，日后随株长高而调整网的高度，日常作业须注意按照植株的长势和株型对网格进行调整，使切花茎干生长均匀，直立。

拓展训练

切花菊生产综合技术

1. 种苗扦插繁育

根据生产面积要求确定种苗数量和标准，练习种苗生产的扦插技术和育苗管理技术。

2. 整地作畦

根据切花菊种类，设计栽植苗床宽度、高度、长度和方向，深翻40cm以上，施入腐熟肥料，混拌均匀，打细整平，准备定植。

3. 定植

根据菊花种植密度，进行定点定植，拉线控制株行距，保护种苗根系，及时浇水缓苗。

4. 架网

对切花菊生产进行立支架、绑竹竿、张网操作，检查高度、宽度、整齐度，适时调整。

5. 摘心抹芽

切花菊的摘心、疏蕾、抹芽操作，观察开展摘心和自然生长的植株的生长状态。

6. 肥水管理

掌握菊花浇水的方式、时间、浇水量，施肥的时期、施肥种类和浓度。

7. 采收保鲜

观察切花菊的开放程度，根据采收标准选择适合采收的花枝，采后及时分级整理，及时保鲜处理。

鲜切花是自活体植株上剪切下来专供插花及花艺设计用的枝、叶、花、果的统称，属极娇嫩、易腐烂产品。鲜切花采收因植物种类、品种、季节、环境条件、距离市场远近和消费者的特殊需求而异，要求到达消费者手中时，产品处于最佳状态，同时具有足够长的货架期。

鲜切花的品质和保鲜手段直接关系到鲜切花的经济效益，采前管理、采后处理和保鲜手段在生产技术上都很重要。

切花在栽培管理上的技术和其他花卉的栽培技术大致相同，但采后流通要经过采收、整理、分级、包装和运输等环节，不当的采后处理造成损耗很大，如采收期不当，采后操作粗放，运输过程中过度失水，温度过高，有害气体积累等。不同切花的采收、预处理、包装、贮藏技术上区别很大，但原则大致相同，做好鲜切花的保鲜工作直接提高切花的经济效益。

1. 切花栽培的特点及主要方式？

2. 切花保鲜的主要方法有哪些？

3. 如何通过光照处理对菊花进行花期控制？

4. 如何通过摘心对香石竹进行花期控制？

5. 哪些鲜切花在生长过程中需要张网？张网的目的是什么？

6. 切花月季的周年生产有何技术要点？

任务四 | 切花生产有害生物防治

【任务情境】

在切花生产过程中，识别有害生物，了解其发生规律并进行防控，可提高切花的品质及产量，带来较好的经济效益。

【任务分析】

在切花的生产过程中，对病虫害的控制应该遵循"预防为主"的原则，因为植株一旦发病就会降低切花的品质，影响经济效益。病虫害发生后要及时施用农药防治，选用水剂、乳油和烟剂农药时，特别是在切花生长后期，要避免叶片被农药残渍污染而降低切花的品质，药剂不要喷到花蕾上，如果发现叶面有药渍，采收时要喷水冲净。在切花月季的生产过程中，主要有霜霉病、灰霉病、白粉病、红蜘蛛和蚜虫等病虫害发生。

知识链接

农药的原药一般不能直接使用，必须加工配制成各种类型的制剂，才能使用。制剂的型态称剂型，商品农药都是以某种剂型的形式，销售到用户。我国目前使用最多的剂型是乳油、悬浮剂、可湿性粉剂、粉剂、粒剂、水剂、毒饵、母液、母粉等十余种剂型。

多数农药剂型在使用前配制成为可喷洒状态或配制成毒饵后使用，但粉剂、拌种剂、超低容量喷雾剂、熏毒剂等可以不经过配制而直接使用。

每种农药可以加工成几种剂型，各种剂型都有一定的特点和使用技术要求，不宜随意改变用法。例如颗粒剂只能抛撒或处理土壤，而不能加水喷雾；可湿性粉剂只宜加水喷雾，不能直接喷粉；粉剂只能直接喷撒或拌毒土或拌种，不宜加水；各种杀鼠剂只能用粮谷等食物拌制成毒饵后才能应用。

不同剂型对于环境条件要求也各异，我国南方潮湿高温，北方严寒低温，对于各类农药剂型的贮存都很不利。可湿性粉剂及喷撒用粉剂在贮存不当的情况下发生粉粒结块，从而影响粉粒在水中的悬浮能力以及粉粒在空中的飘浮能力；乳油制剂、悬浮剂等液态制剂，在冬季低温贮存时间过长，容易发生分层结块、结晶等剂型破坏现象；一些乳油制剂在高温下会逐渐蒸发散失，使乳油制剂的含量浓度发生变化，导致有效成分析出。

每种制剂的名称是由有效成分含量、农药名称和剂型三部分组成，例如50%乙草胺乳油；15%毒死蜱颗粒剂；15%三唑酮可湿性粉剂；0.025%敌鼠钠盐毒饵等。

1. 粉剂（D）

粉剂应用的历史最久，在新中国成立初期，粉剂是农药制剂中产量最多、应用最广泛的一种剂型。粉剂容易制造和使用，用原药和惰性填料（滑石粉、黏土、高岭土、硅藻土、酸性白土等）按一定比例混合、粉碎，使粉粒细度达到一定标准。我国的标准是：95%的粉粒能通过200目标准筛，即粉粒直径在74μm以下，平均粒径为30μm左右。国外普遍采用的粉剂标准是：98%的粉粒能通过325目筛，粉粒最大直径为44μm，粒径在5~15μm。粉剂的细度与药效有密切的关系，粒径大于37μm的粉剂药效较差，最有效的粉粒直径在20μm以下，因此我国急待解决的是粉剂加工质量问题。

粉剂在干旱地区或山地水源困难地区深受群众欢迎，因它使用方便，不需用水，用简单的喷粉器就可直接喷撒于作物上，而且工效高，在作物上的黏附力小，残留较少，不易产生药害。除直接用于喷粉外，还可拌种、土壤处理、配制毒饵粒剂等防治病、虫、草鼠害。

喷粉宜在早、晚作物叶面较湿或有露水时进行，因为粉粒在作物表面上的沉积主要靠附着作用或静电吸附作用，但其附着力很小，在有水膜的作物表面上，粉粒的黏附能力得到改善，可提高防效。

粉剂缺点是使用时，直径小于10μm的微粒，因受地面气流的影响，容易飘失，浪费药量，还会引起环境污染，影响人们身体健康。同时加工时，粉尘多，对操作人员身体健康影响较大。但是用于温室和大棚的密闭环境进行喷粉防治病、虫害，可充分利用细微粉粒在空中的运动能力和飘浮作用，能使植物叶片正、背面均匀地得到药物沉积，提高防治效果，而且不会对棚室外面的环境造成污染。使用粉剂是温室、大棚中的一个较好的施药方法。

2. 可湿性粉剂（WP）

现今我国绝大多数的原药加工制成可湿性粉剂和乳油这两种剂型。可湿性粉剂是在粉剂的基础上发展起来的一个剂型，它的性能优于粉剂。它是用农药原药和惰性填料及一定量的助剂（湿润剂、悬浮稳定剂、分散剂等）按比例充分混匀和粉碎后达到98%通过325目筛，即药粒直径小于44μm，平均粒径25μm，湿润时间小于2min，悬浮率60%以上质量标准的细粉。使用时加水配成稳定的悬浮液，使用喷雾器进行喷雾。喷在植物上的黏附性好，药效也比同种原药的粉剂好。可湿性粉剂如果加工质量差、粒度粗、助剂性能不良，容易引起产品黏结，不易在水中分散悬浮或堵塞喷头，在喷雾器中道理沉淀等现象，造成喷洒不匀，易使植物局部产生药害，特别是经过长期贮存的可湿性粉剂，其悬浮率和湿润性会下降，因此在使用前最好对上述两指标检验后再使用。

不同农药品种和不同生产厂家的产品，其质量标准也不同。联合国粮农组织（FAO）制定的标准是：对一些价格较贵的农药如粉锈宁可湿性粉剂悬浮率要求高于70%，湿润时间为1min，一些厂家的产品其质量指标一般高于FAO的标准。

3. 农药剂型乳油（EC）

农药剂型乳油在我国是用量较大的一个剂型。乳油是农药原药按比例溶解在有机溶剂（甲苯、二甲苯等）中，加入一定量的农药专用乳化剂（如烷基苯碘酸钙和非离子等乳化剂）配制成透明均相液体。有效成分含量高，一般在40%～50%。乳油使用方便，加水稀释成一定比例的乳状液即可使用。乳油中含有乳化剂，有利于雾滴在农作物、虫体和病菌上黏附与展着。施药且沉积效果比较好，持效期较长，药效好。

乳油除用喷雾器喷洒外，也可涂茎、灌心叶、拌种、浸种等。

使用乳油时应注意，由于乳油中含有机溶剂，有促进农药渗透植物表皮和动物皮肤的作用，要根据使用说明中规定的使用浓度施药。乳油的残留时间较长，特别是应用在蔬菜和果树上更要严格控制药量的施药时间，以免发生药害及中毒事故。

4. 农药剂型悬浮剂（SC）

农药剂型悬浮剂又称胶悬剂，是将固体农药原药分散于水中的制剂，它兼有乳油和可湿性粉剂的一些特点，没有有机溶剂产生的易燃性和药害问题；悬浮剂有效成分粒子很细，一般粒径为1～5μm，黏附于植物表面比较牢固，耐雨水冲刷，药效较高；适用于各种喷洒方式，也可用于超低容量喷雾，在水中具有良好的分散性和悬浮性。加工生产时没有粉尘飞扬，对操作者安全，不影响环境。

5. 农药剂型干悬浮剂

农药剂型干悬浮剂是一种0.1～1mm粒状制剂，它具备可湿性粉剂与悬浮剂的优点，又克服了它们的缺点。欧美一些国家对干悬浮剂已经重视起来，并在生产中得到应用，我国目前已开始这方面的工作，颇有应用前景。

6. 农药剂型浓乳剂

农药剂型浓乳剂又称乳剂型悬浮剂或水乳剂。这种制剂不含有机溶剂，不易燃，安全性好，没有有机溶剂引起的药害、刺激性和毒性。浓乳剂是液体或与溶剂混合制成的液体农药，以微小液滴分散在水中而以水为介质的制剂，制造比乳油、可湿性粉剂困难，成本高，国际上一些发达国家从对农药安全使用的角度出发，首先进行了这方面工作，我国尚处于起步研究阶段。

7. 微胶囊缓释剂（CS）

缓释剂的种类很多，如黏附控制释放剂、吸附颗粒剂、空心纤维剂、微胶囊等剂型。目前以微胶囊剂研究、开发较多。微胶囊剂即将农药有效成分包在高聚合物囊中，粒径为几微米到几百微米的微小颗粒。微胶囊撒在田间植物或暴露在环境中的昆虫体表时，胶囊壁破裂、溶解、水解或经过壁孔的扩散，囊中被包的药物缓慢地释放出来，可延长药物残效期，减少施药次数与药物对环境的污染，施药量比其他制剂低，能使一些较易挥发逸失的短效农药更好地应用，还可使一些农药降低对人、畜及鱼的毒性，使用较安全。微胶囊成品颗粒 20~50μm，一般是粉状物，也有制成微胶囊水悬剂。

除上述 7 种剂型外还有常用的颗粒剂、烟剂、气雾剂、超低容量制剂、熏蒸剂等多种剂型。根据需要和条件，分别应用于农业生产中。

技能训练

月季有害生物防治

一、实训目的

以切花月季常见病虫害为例，了解切花病虫害的特点以及防治技术。

二．主要仪器及试材

病虫害植株、放大镜、显微镜、药剂、喷雾器。

三、实训内容与技术操作规程

1. 蚜虫的防治

蚜虫（图 3-8）一般在冬季、早春比较容易发生，少量的可以直接用手捏死，或者用水喷掉。害虫的治理是非常简单的，只要使用吡虫啉类的杀虫药，兑水比例一般是 1500 倍，即 1g 吡虫啉加入 1.5kg 水。安全间隔期最低为 7 天。一般情况下，施药之后，短时间内就可以看到蚜虫以及蝴蝶幼虫的死亡。

2. 叶螨（红蜘蛛）的防治

红蜘蛛（图 3-9）一般在高温干燥的环境下容易发病，大棚或者室内的发病率很高，

图 3-8　月季蚜虫

露天很少发病。发病初期不容易发现，蔓延后治疗难度非常大，并且很容易产生抗药性。因此，要注意种植环境，在干燥高温的季节及时灌水，清晨或者傍晚可以往叶片背面喷些水（这样一

能增加环境湿度，二能冲洗掉刚开始的少量害虫以及虫卵，红蜘蛛是比较怕水的）。在炎热干燥季节来临之时 10 天左右喷哒螨灵、金满枝、爱卡满或者阿维菌素等。进行预防往往效果很好。当发病严重后的治疗要注意，红蜘蛛在温度达到 28℃ 以上基本一个繁殖周期是 3 天，也就是卵在 3 天内完成孵化、成虫、产卵过程。杀虫的时候一定要跟杀卵的药混合使用，3 天喷洒一次并且连续用药 3 次。这样在一个繁殖周期内的卵、幼虫、成虫就全部被杀死了，然后在第三次用药之后检查叶片背面，如果发现还有活体再补一次药，这样可基本杀灭该红蜘蛛。注意不能连续使用同一种药，这样很容易产生抗药性，一旦抗药性产生后以后就很难杀死了。

图 3-9　红蜘蛛

3. 蓟马的防治

蓟马（图 3-10）一般危害植株的嫩尖以及花瓣，会造成嫩尖萎缩花瓣变形。但是有一点值得注意，如果没有发现成虫，光靠叶面症状来判定的话，要注意不要误判，一般某些药害、肥害、晒伤，容易被误判为蓟马。

图 3-10　蓟马

蓟马的治疗也很简单，一般杀虫类的农药比如吡虫啉，噻虫嗪吡蚜酮（一种农药，不是家用杀蚊剂）都可以起到很好的效果。另外需要注意的是，蓟马一般在傍晚会出现在叶片上，最好的施药时间也就是在傍晚。

4. 青虫、夜菜蛾、枣黄刺蛾防治

这个其实就是一些毛毛虫跟青虫类也就是蝴蝶的幼虫（图3-11），往往啃食嫩叶、嫩尖、花苞、花瓣。

这类虫子不需要预防，看到蝴蝶在花上飞的时候留意虫卵和小虫子即可，如果只是少量可直接用手捏死，量大或是不敢用手的，可以使用菊酯类的农药，使用频率较高的是吡虫啉噻虫嗪，其毒性低且效果好。

5. 白轮盾蚧防治

初龄若虫，体呈橙红色，椭圆形。其上分泌有白色蜡丝。触角5节，端节最长。腹末有一对长毛。雌成虫直径2.0~2.4mm。初为黄色，后变为橙色，介壳灰白色，近圆形，背面有3条纵脊和两条纵

图3-11 青虫、夜菜蛾、枣黄刺蛾

脊沟。雄成虫体长为1.2mm，宽1.0mm，头胸部膨大，头缘突明显，中胸处较宽。初期橙黄色，后期紫红色。

白轮盾蚧（图3-12）是密集在植株老枝干上的白色或者灰色黑色细小的虫子，往往一群虫子结成一个硬壳在里面啃食植株，严重的造成植株生长不良。这个虫子比较小，处理起来比较麻烦，所以一般采用化学杀除，少量的时候可以用酒精擦，大量需要使用化学药品。一般杀虫类的农药比如吡虫啉、噻虫嗪吡蚜酮都可以起到很好的效果。

6. 切叶蜂、茎蜂防治

切叶蜂、茎蜂（图3-13）主要是有翅膀的害虫，切叶蜂用口器采食叶片，而茎蜂则将卵产到月季的嫩枝上，然后孵化出大量绿色的软体虫子。切叶蜂、茎蜂由于会飞，防治比较困难，发现害虫后可使用氧化乐果一类的触杀、熏杀类的农药防

图3-12 白轮盾蚧

治。常用粘虫板或者在柳絮盛飞的季节用吡虫啉喷雾预防，如发现茎内有茎蜂幼虫可以注射敌敌畏进行治疗。在发现茎内有幼虫之后，也可剪掉被茎蜂危害的枝条一段，以达到阻隔以及治疗的效果。

图 3-13 切叶蜂、茎蜂

7. 白粉虱防治

白粉虱（图 3-14）一般通过两种途径传入：一是购苗时带入的，二是寄生在其他植物上的白粉虱传播的。

图 3-14 白粉虱

白粉虱主要寄生在叶子的背面，会吸食叶子的汁液，导致叶片变黄甚至枯死。同时，白粉虱会传播细菌以及真菌类病毒，会给月季造成细菌、真菌类病的危害。

购苗时应注意选择，在暴发白粉虱之后，尽量根治。白粉虱的治疗和其他虫类病害一样，使用吡虫啉、噻虫嗪吡蚜酮。

8. 白粉病

白粉病初期叶片的绿色会变成黄斑，随后叶片反面开端呈现少量白斑，并且逐步扩展，严重的时分整个花蕾外表都布满了白粉，时间长了会导致月季落叶，花朵不开放。

早春的时分，要及时把那些得病的芽、叶以及枝条全都剪掉，防止病虫害传染其他健康的叶片。白粉病的初期，可以喷25%的粉锈宁1500倍溶液，或是喷洒0.02%～0.03%的高锰酸钾溶液。平时要多通风，确保光照充足，适当修剪植株，氮肥不宜过多，应适当增施磷钾肥，以加强植株长势，保植株强健。

9. 黑斑病

叶上病斑初为紫褐色至褐色小点，黑色或深褐色，幼嫩枝条和花梗上发生紫色到黑色条状斑点。病害严重发作时，整个植株下部及中部片全部零落，仅留顶部几张新叶。

有落叶要及时清理，摘去病叶，浇水时不要把泥土飞溅在叶片上，不在晚间浇水，以免叶片上的水不能很快干燥，有利病菌入侵。早春发芽前，喷石硫合剂，以根除病菌；萌芽后，喷洒先正达卉乐、杜邦福星或百菌清，交替用药，每10天喷一次。发病后缩短喷药间距，5～7天一次。

10. 霜霉病

初期下部叶片反面呈现退绿病斑，病斑不规则，布满霜状霉层，前期呈暗紫色，似水浸状，直至变成褐色。病斑呈多角形，逐步变成灼烧状，危害严重时叶片全部零落。

植株不能太过密集，要注意通风，进入生临时的时分要多施鳞甲肥，加强植株抗病性，可以喷施70%国光代森锰锌、大生、百菌清等药剂，每隔7～10天喷一次，连喷2～3次。

11. 锈病

月季的芽、叶片、嫩枝、叶柄、花托、花梗、花和果等部位会呈现像锈迹一样的粉状颗粒，以叶片上的症状最明显。

发现时可将患病部位摘除，植株注意通风，进入病害期要多施磷钾肥，加强植株抗病性；也可以用药物处置，如70%国光代森锰锌、大生、百菌清交替使用。

12. 枝枯病

多发作在修剪枝条伤口及嫁接出茎上，初生紫色小斑，后扩展呈地方浅褐色、边缘紫白色的椭圆形或不规则形斑，前期病斑开裂，上生黑褐色小粒点，即分生孢子器。当病斑盘绕枝条一圈时，病部以上变褐枯死，重者全株枯死。

修剪月季最好是在晴天，剪口用硫磺粉涂抹，修剪、嫁接后管理要跟上，促进伤口早日愈合，发现病枝要及时剪除并销毁；可以在休眠期里喷洒石硫合剂，以根除病菌；5—6月（发病后期）喷洒多菌灵、甲基硫菌灵等药剂。

农药剂型助剂的应用

为改善制剂的理化性质，提高防治效果，降低对人、畜的危害性，在加工各种制剂时，分别加入一些辅助剂，简称助剂。

1. 湿润剂

使不溶于水的原药能被水湿润，并能悬浮在水中，药液喷到作物上能润湿作物表面和虫体，提高防治效果。例如可湿性粉剂或悬浮剂中加入烷基苯磺酸钠等润湿剂。

2. 乳化剂

加工乳油等制剂时用的助剂。乳油对水稀释后，乳化剂能使含有原药的油状物以极小的粒状分散在水中，成为均匀稳定的白色乳液。

3. 溶剂

溶剂本没有杀虫、杀菌等作用，只是在加工乳油或油剂时，用甲苯、二甲苯等溶剂将原药溶解，再加入其他助剂。

4. 填充剂

加工可湿性粉剂和粉剂时，为了把原药磨细并加以稀释，须加入陶土、硅藻土、滑石粉等惰性粉，这些物质不与原药发生化学变化，称为填充剂，又称填料，它也没有杀虫、杀菌活性。

康乃馨主要病虫害的识别与防治

危害康乃馨较严重的病虫害有锈病、镰刀菌枯萎病、叶斑病、灰霉病、立枯病、蓟马等，正确识别和有效防治这些病虫害成为生产中较为关键的环节之一。

1. 立枯病

（1）症状识别 病菌主要侵害幼苗近土表的根茎处，使其基部腐烂、缢缩，造成倒伏。病株叶片呈苍白色，萎蔫下垂，最后整株枯死。

（2）防治方法 土壤需消毒处理，控制浇水，勿使盆土过湿。扦插或定植后可用卉友、绘绿等药剂隔两三周灌根一次，两三次即可。

2. 枯萎病

（1）症状识别 发病初期多数植株下部叶片先失绿发黄并萎蔫，并逐渐往上蔓延。茎部变软，常表现出"歪脖"症状，之后植株枯萎，最后全部枯死呈灰白色。刚表现出症状时，早晚正常，中午萎蔫，似缺水状，感病部位维管束只是部分变棕褐色；后期出现根腐症状。若是苗期染病，生长缓慢并出现矮化现象。

（2）防治方法 选用无病健康种苗，栽植前进行土壤消毒处理。注意轮作，地块最好实行 3 年以上的换茬栽培。施用腐熟的有机肥，注意增施钙肥和钾肥，提高植株的抗病性。田间浇水最好采用滴灌的方式，并注意及时排涝，加强通风。发现病株应及时拔除。定植初期及摘心前后，应用卉友、绘绿等药剂 14~21 天交替灌根施用，两三次即可。

3. 锈病

（1）症状识别　主要为害叶片、茎和花萼。受害部位最初出现淡色小突起疱状斑，表皮破裂散出黄褐色锈粉，即为分生孢子，受害部位形成黄褐色小粉堆，为病菌的夏孢子堆。有时多个夏孢子堆组成一圆形或椭圆形的大斑块，导致叶片和植株枯萎死亡。后期形成黑褐色冬孢子堆，植株矮化，叶片卷曲早枯。

（2）防治方法　及时清除病残体或病叶以及杂草，以减少侵染源和间接寄主。注意水分管理，掌握好浇水时机，控制好温湿度，并加强通风透光。发病初期，定期交替喷施百菌清、绘绿、世高、烯唑醇等药剂，每 7~10 天施用一次，连续使用 3~5 次。

4. 叶斑病

（1）症状识别　主要危害叶片、茎、花蕾和花瓣等部位。多从下部老叶开始发病，最初在叶上出现浅绿色水渍状小圆斑，后逐渐扩展成褐色、紫褐色圆形或椭圆形病斑，病斑中央慢慢枯死，变成灰白色。有些病斑上显现紫色环纹，严重时叶片变黄、扭曲、枯萎下垂。茎秆上的病斑多为灰褐色，呈不规则的长条形，常发生在分叉和伤口处。如果患病处被病斑环绕一周时，上部枝叶即萎蔫枯死。花蕾染病症状与叶片相似，花瓣不能正常开放或出现畸形。潮湿环境条件下，该病病部两面均产生粉状黑色霉层。

（2）防治方法　及时清除病株、病叶，避雨栽培，田间给水时宜采用滴灌方式，注意通风透光。发病初期或摘除侧芽后应及时喷施卉友、绘绿、百菌清、世高、异菌脲等药剂，7~10 天交替轮换施用，3~5 次即可。

5. 灰霉病

（1）症状识别　多发生在花瓣和花蕾上。花瓣起初边缘出现淡褐色水浸状，之后产生褐斑并腐烂。如果气温较高、湿度较大，其上会有粉状灰色霉层。花蕾感病首先是产生水渍状不规则斑，之后腐烂，导致花不能正常开放，其上亦产生粉状灰色霉层。

（2）防治方法　田间及时清除感病植株，采取避雨栽培，加强田间管理，加大通风透光，避免在花瓣上留有水膜。发病初期或采收前每隔 7~10d 交替喷施卉友、百菌清、嘧菌环胺、绘绿等药剂进行防除。

6. 蓟马

（1）症状识别　花瓣出现变色锉伤点并破损，之后易被病菌侵染。若蓟马锉吸顶部嫩芽，生长点受抑制，会出现枝叶丛生现象或顶芽萎缩。

（2）防治方法　生产中可用阿克泰加少许的白糖、美除、功夫、阿维菌素、多杀霉素等杀虫剂 7~10 天交替轮换叶面喷施。

小贴士

　　鲜切花的茎、枝、叶和花灯部位遭受害虫危害或细菌、病毒、真菌、线虫等病原菌的侵染，导致植物组织穿孔、缺损、发育不良、各种病斑、组织腐烂、坏死、变色等伤害，会直接影响鲜切花的质量，降低鲜切花的分级标准，从而影响鲜切花的价格。

思考练习

1. 四大切花生产中有哪些主要病虫害？
2. 以月季为例制定有害生物防治年历？

任务五 | 插花与花艺设计

【任务情境】

某花艺工作室在情人节接到大量礼品花束订单，要按照顾客要求设计花材、大小、色系并制作花束。

【任务分析】

礼品花艺是社交礼仪中，相互赠送表达表彰、致谢、友好、探望、问候、哀思等情感的花艺作品。礼品花束（图3-15）是最常见的花艺礼品形式，本任务需要学生掌握螺旋法花束的制作，并能够对花束进行美观大方的包装。

图3-15 礼品花束

知识链接

螺旋花束又称手打花束（图3-16），是指将花材按顺时针或逆时针的方向，使每一根枝条都呈螺旋状态的花束。螺旋花束通常呈现为半球型，可多面观赏。螺旋花束在生活中应用较多，也有很强的技巧性，整个花束的花材是依靠秆、茎相互排列互相支撑而固定。相对于平行式花束而言，螺旋式花束更加的稳定，所以它对插花者的基本功要求更高。

图 3-16　螺旋花束

螺旋法的好处是：
（1）花束剪根以后就可以直接站立，无需任何辅助；
（2）手里可以拿更多的花材；
（3）包装更加多样化；
（4）有一种顺时针的流动性美感，造型可以多变、改变传统花束受花泥限制情况；
（5）便于加减花材；
（6）保持了花与花之间的空隙，有一种蓬松错落的自然美感。

技能训练

礼品花束的制作

1. 选择及处理花材

花材尽量选择枝干较直的或者一些顶生的花材，可以多种花材、叶材结合，要保证花材充分吸水。去除螺旋点以下的叶子，因为如果有叶子淤积在螺旋点位置的话，容易造成根部腐烂，影响花束的存活期。

2. 打螺旋花束

一开始我们先找一枝比较大，比较粗，比较有利于虎口抓取的玫瑰来做主花，用手的虎口处拿花，螺旋点上下的比例为 3：1，即花束手把的长度为整个花束的 2/3 即可。接下来顺时针或逆时针加入单枝花，保持一个方向加入，大拇指和食指以外的其他手指不可以碰花，握紧旋转点，根部不可以松动，每加一枝花，调整一次花头，让螺旋点变紧凑。

不要一次性把一种花材用完，各式各样的花材相互协调使用。花材的头部如果弯了的话，尽量使花头朝正面。分散的配花我们尽可能的把它摆在中间的位置，不要让它们凌乱的散在外面，那样看起来不整洁。填充花的颜色时，深色一般在下，浅色在上，花材的颜色要分布均匀。同时要边往花束中添加花材就要边调整花束高低以保持圆形，还要观察各个面，哪缺就要用花材或者叶材进行补充。上下移动焦点，可调整作品大小，焦点下移，作品更松散，上移更聚拢。

想要一边旋转一边做出好看的花束，技巧在右手腕上。左手握住花束以后，右手在偏下位置轻巧握牢，轻轻松手，通过转动手腕来旋转花束，然后立刻重新握住。这样，花束造型可以撑开你的花束，不易走样。另外要注意不要让花茎与花茎中间露出缝隙，要时刻保持重心平衡。再次调整花的高度，并用透明胶固定，注意透明胶的绑点位置应该在虎口以上，且每次的绑点都应该相同。

3. 修剪花束根部

修剪花束根部时，如果想要花束更加容易站立的话，剪根时，要注意中心剪短，外围的根要比内围的根约长 2cm，这样可以使外围的枝干多一些支撑力量。如果花束根数量太少或者太软，可以借助假根，就是一张硬纸板将根部围一圈呈喇叭状，支撑整个花束。

4. 为花束做保水

通常我们会选择用玻璃纸，包裹住花束，并用透明胶固定，在做完外包装后再加入少量的水，玻璃纸外部透明胶固定的位置与螺旋点一致。

5. 做外包装

将选好颜色的包装纸进行对折，做出 4 个折角。选取合适的角度，包裹住花束。用透明胶固定，并整理包装纸底部的廓形以及褶皱的协调性，纸张的尖角要错落有致。用拉菲草或丝带作为装饰捆绑，然后再次对包装纸进行调整。最后，可以适当在表面喷水，以延长花期。

高级技术

婚礼花艺设计

婚礼花艺（图3-17）是婚礼上的装饰用花，要求具备4个特点，即花大、色艳、新鲜、寓意好。随着中国民众消费水平和审美的提高，大众对于婚宴中花艺的需求日趋旺盛。

图 3-17 婚礼花艺

婚礼花艺主要装饰以下几个地方。

（1）婚礼人体花饰　胸花、捧花、头花、腕花等。

①胸花/腕花：新娘、新郎、伴郎、伴娘、花童、主婚人、证婚人等。如礼服不适合别胸花，则以腕花代替。

②新娘捧花：新娘捧花从造型、色彩、风格都应与服饰、发型的整体设计以及新娘的体形、脸形、气质等相协调，一般采用同系列的头花、胸花、捧花设计，如玫瑰系列、蝴蝶兰系列等。捧花可用手绑花束发或花托制作法。手绑花束的花、叶均可用细铅丝代替花、叶梗，完成造型后再用绿胶带组合缠好。

（2）花车　花车要根据轿车的色泽、大小、形状而设计。长形的豪华轿车，可设计两组以上的花饰，一般轿车在车头设计一组主花，车门、车尾用彩带或彩纱装饰。

（3）婚庆宴会场景插花　受西方习俗的影响，婚庆宴会场合较多以白色、香槟色、粉色系列进行布置，以配合新娘的婚纱，也可采用中国传统的喜庆颜色——红色与金色。场景插花一般包括花廊以及仪式台插花、蛋糕台插花、香槟台插花、婚宴餐桌插花、餐椅花带、酒杯装饰、签到台插花、指示牌插花等。

拓展训练

婚礼花艺设计五大必备条件

1. 婚礼花艺用色要遵循民族习俗

新人在选择花艺色彩时，除了考虑个人的喜好，还要顾及家人、亲戚朋友们的接受能力，婚礼不仅仅是新人的事，更重要的也要给宾客、家人带来欢乐与美的享受。如果是花艺工作者，还应了解一些常识，避免犯错误：英国人不喜欢红色的花，不喜欢绣球花、天竺葵；巴西人不喜欢黄色、紫色的花，日本人不喜欢荷花。

2. 婚礼花艺用色还要考虑到季节因素

夏季一般习惯于选用清新、淡雅的色彩，或偏冷的色彩，如白、白绿、白粉、白蓝、粉紫、白紫、白蓝紫等；冬季可选择红、红黄、红粉、橙色等；春秋可选择中性偏暖一点的色彩，如香槟色、黄色、香槟配绿、粉、粉紫等。红色与橙色在夏不宜多用，这是很暖的色彩，在炎热的夏季易让人烦躁。

3. 花艺用色要与表达的主题相协调

如果是西式婚礼，白色是首选，纯白色更能体现西式传统婚礼的庄重与神圣。如果是中式婚礼，就不能大面积的用白色了，因为中式婚礼突出的是热闹、喜庆。

4. 婚礼用色要考虑到新人的年龄与气质

一般情况下，大龄新人偏爱紫色，紫色显得沉稳、优雅、成熟、幽艳、华贵，如果新人年龄偏小，很喜欢紫色，建议用淡紫色或小面积紫与粉的搭配。如果是一位羞涩或可爱型的新娘，可以用淡粉。如果新娘性格是开朗型的，可以用黄色。如果新娘气质清雅脱俗，你可以选用白绿色、纯白色调、淡粉色等。

5. 婚礼花艺用色要与环境相协调

婚礼现场装饰更强调的是一个宏观的效果，花艺装饰只是其中的一个重要的组成部分，花艺的整体色彩要与会场的装修风格，室内灯光色彩，以及墙壁、地毯、桌布、椅套、口布等色彩相呼应相协调。所以说环境是一个不容忽视的重要因素。

如果酒店的总体风格很现代，室内彩色很明亮。那么很适合现代西式婚礼。花艺常用色彩可以是白色、白绿、白绿粉、白粉、香槟色、淡蓝，黄色，白蓝、白蓝紫、白紫等色彩组合，当然红色的同类色、近似色组合也是可以的，只是比较适合偏中式的婚礼。

如果会场是中式风格的，中式婚礼将是一个不错的选择，比如传统风格的四合院。我们可以用红色、红粉、红黄、玫红、粉紫等色彩的组合。新人喜欢现代婚礼形式，但也要尊重传统文化，不要用纯白色去装饰中式风格很浓的会场。另外明亮度很低的深蓝、深紫不宜大面积使用会给人以消沉的感觉，我们可以加浅色的花来调和。

小 贴 士

花艺设计的 12 个手法：

（1）铺陈　铺陈即平铺陈设，将某种素材紧密相连，覆盖在一特定范围表面，是掩盖花泥最好的技巧。

（2）重叠　将平面状的花或叶一层叠在另一层上，每层的空隙较小，即完全重叠，表现花材重叠的美感。重叠的花或叶要三个以上。

（3）层叠　层叠与重叠不同，即两层不完全重叠，而是一层与一层之间部分重叠；材料与材料之间的空间不相同，可以造出不同的效果。

（4）组群设计　将同种类、同色系的花材分组、分区插，而且组与组之间留空间。花材可高低不同。从数个组群的组合设计可欣赏不同花材的造型、色彩、质感。用同一季节开花的材料组合最好。

（5）阶梯设计　利用点状或面状的花材表现材质的立体感，即花朵之间用排序的手法，由低向高延伸，但花面与花面之间须有一定的重叠。

（6）平行线设计　模仿自然界植物生态而来，如森林中一直保持直立生长的林木。必须使一组花材的立轴都是平行状态。

（7）捆绑设计　将数枝（3 枝以上）相同的花材捆绑成束，用以增加量感或力度。强调捆绑的材料、起装饰效果的捆绑方法称为饰绑。

（8）加框设计　一种加强视觉焦点的设计技巧，即在花型外面加上框架、枝条、藤等。特别是对角线加框，可使空间打大。

（9）透视设计　将自然界的素材，以层层重叠的方式，相互交错表现一种层次空间美感，使作品具有穿透感。

（10）锥杯　用叶卷成锥杯造型。一般起遮盖花泥的作用。

（11）卷筒　将平面状的叶、花或其他平面状材料卷起来成筒状，多用于铺陈、线条。

（12）影子设计　巧妙运用相同材料大小不一样的差异，创作出该材料上下阴影效果，在设计上可增加视觉的延伸、分量感。设计的技巧以成双花材设计，可增加视觉的效果。

思考练习

1. 试设计一场 $300m^2$ 主题婚礼花艺，确定花材种类、数量、预算，以及设计方案。
2. 在花艺设计中做花材固定的手段有哪些?
3. 在花艺设计中花材的保水方式有哪些?

参 考 文 献

［1］包满珠主编．花卉学．北京：中国农业出版社，2003.
［2］鲁涤非主编．花卉学．北京：中国农业出版社，2002.
［3］苏金乐主编．园林苗圃学．北京：中国农业出版社，2003.
［4］毛景英，闫振领主编．植物生长调节剂调控原理与实用技术．北京：中国农业出版社，2005.
［5］谭文澄主编．观赏植物组织培养技术．北京：中国林业出版社，2000.
［6］卢希平主编．园林植物病虫害防治．上海：上海交通大学出版社，2004.
［7］吴志华主编．花卉生产技术．北京：中国林业出版社，2003.
［8］余树勋．吴应祥主编．花卉词典．北京：农业出版社，1993.
［9］贺振主编．花卉装饰及插花．北京：中国林业出版社，2000.
［10］樊伟伟主编．花艺制作与花店经营权攻略．北京：中国经济出版社，2006.
［11］张克中主编．花卉学．北京：气象出版社，2006.